开课吧 | 数字化人才职场赋能 系列丛书

U0139599

Spring Cloud Alibaba
微服务开发
从入门到实战

开课吧◎组编

李伟杰　刘雪松　刘自强　王超◎编著

 机械工业出版社
CHINA MACHINE PRESS

本书共 7 章，全面讲解了通过 Spring Cloud Alibaba 构建微服务的相关知识点。第 1 章介绍了微服务的基本概念、优点和面临的挑战，以及 Spring Cloud 在微服务开发中的基础组件；第 2 章介绍了如何使用 Spring Cloud 开发脚手架 Spring Boot，并对 Spring Boot 的自动配置原理进行了深入剖析；第 3~6 章分别介绍了 Spring Cloud Alibaba 构建微服务基础组件的用法，包括 Nacos、Sentinel、Seata 和 RocketMQ；第 7 章是对全书内容的总结和应用，以综合项目的形式介绍了使用 Spring Cloud Alibaba 构建电商项目的全过程，以及如何使用 Spring Security OAuth 2 保护微服务系统。

本书适合有一定 Java 编程经验和 Spring 基础的读者阅读。本书配有视频资源，案例丰富，每章均配有专属二维码，读者扫描后即可观看相应知识点的讲解视频。

图书在版编目（CIP）数据

Spring Cloud Alibaba 微服务开发从入门到实战/开课吧组编；李伟杰等编著．—北京：机械工业出版社，2021.8
（数字化人才职场赋能系列丛书）
ISBN 978-7-111-68918-8

Ⅰ. ①S… Ⅱ. ①开… ②李… Ⅲ. ①互联网络-网络服务器
Ⅳ. ①TP368.5

中国版本图书馆 CIP 数据核字（2021）第 160578 号

机械工业出版社（北京市百万庄大街 22 号 邮政编码 100037）
策划编辑：张淑谦 责任编辑：张淑谦
责任校对：张艳霞 责任印制：邰 敏
三河市国英印务有限公司印刷

2021 年 9 月第 1 版·第 1 次印刷
184mm×260mm·13.25 印张·323 千字
0001-5500 册
标准书号：ISBN 978-7-111-68918-8
定价：99.00 元

电话服务 网络服务
客服电话：010-88361066 机 工 官 网：www.cmpbook.com
　　　　　010-88379833 机 工 官 博：weibo.com/cmp1952
　　　　　010-68326294 金 书 网：www.golden-book.com
封底无防伪标均为盗版 机工教育服务网：www.cmpedu.com

背景

随着信息时代的到来，数字化经济革命的浪潮使得人类的工作方式和生活方式发生颠覆性的改变。在数字化经济时代，从抓数字化管理人才、知识管理人才和复合型管理人才教育入手，加快知识经济人才队伍的培养，可以为企业的发展和企业核心竞争力的提高提供强有力的人才保障。目前，数字化经济在全球经济增长中扮演着越来越重要的角色，以互联网、云计算、大数据、物联网、人工智能为代表的数字技术近几年发展迅猛，数字技术与传统产业的深度融合释放出巨大的能量，成为引领经济发展的强劲动力。

随着互联网的发展，人们在享受互联网给生活带来的便利的同时，也对互联网技术提出了更高的要求，传统的单体架构的缺陷越来越明显。近几年来，"微服务"这个软件架构在各大网站、论坛、演讲中频频出现，足以说明"微服务"对软件架构的影响，目前，各大公司也都纷纷开始采用微服务架构。

Spring Cloud Alibaba 是 Spring Cloud 的一个子项目，致力于提供微服务开发的一站式解决方案。该项目包含开发分布式应用微服务的必需组件，开发者通过 Spring Cloud 编程模型及其组件就可以轻松开发出微服务架构应用。

本书内容

本书共 7 章，全面讲解了通过 Spring Cloud Alibaba 构建微服务的相关知识点。第 1 章介绍了微服务的基本概念、优点和面临的挑战，以及 Spring Cloud 在微服务开发中的基础组件；第 2 章介绍了如何使用 Spring Cloud 开发脚手架 Spring Boot，并对 Spring Boot 的自动配置原理进行了深入剖析；第 3~6 章分别介绍了 Spring Cloud Alibaba 构建微服务基础组件的用法，包括 Nacos、Sentinel、Seata 和 RocketMQ；第 7 章是对全书内容的总结和应用，以综合项目的形式介绍了使用 Spring Cloud Alibaba 构建电商项目的全过程，以及如何使用 Spring Security OAuth 2 保护微服务系统。

本书特色

1. 视频资源，技术支持

本书内容全面，每章均配有专属二维码，读者扫描后即可观看相应知识点的讲解视频，以便于读者理解相应内容。

2. 案例丰富，深入浅出

本书以案例为切入点，循序渐进地讲解了如何使用 Spring Cloud Alibaba 构建微服务应用，并且在案例中使用了大量的图解，包括架构图、流程图，帮助读者深入理解其原理。最后一章还通过一个综合的电商项目讲解了 Spring Cloud Alibaba 构建微服务应用的技巧，使读者可以学以致用。

阅读建议

本书适合有一定 Java 编程经验和 Spring 基础的读者阅读。对于基础较差的读者，建议一边看书、一边观看讲解视频，尤其第 7 章电商项目综合应用的内容较多，读者可以通过观看视频来掌握全部内容。

致谢

感谢开课吧领导在本书写作过程中给予的支持和鼓励，感谢郭程威、杨洋两位老师对于本书写作的帮助。感谢各位同事对于本书提出的宝贵意见，和你们一起工作非常荣幸，也非常开心。感谢所有给我们提供过帮助、建议和勇气的朋友。感谢张淑谦编辑在本书写作过程中所做的指导工作。

建议和反馈

由于编者能力有限，虽然对书稿做了多次认真的检查和修改，但是错漏之处在所难免，恳请读者批评指正，读者可以通过邮箱（lxsong@163.com）留言反馈，编者会及时给出解答。

编　者

目录

第1章
微服务和 Spring Cloud

单体架构在规模较小的情况下效果很好，但是随着系统规模的扩大，它开始暴露出了越来越多的问题，例如，运维部署速度变慢、无法做到按需伸缩扩展等。这时微服务架构应运而生了，它可以将原本独立的系统拆分为多个独立运行的小型服务。

为了更好地完成微服务架构下的服务治理问题，如服务注册发现、熔断限流、服务配置管理、微服务网关等，Spring 提供了微服务解决方案 Spring Cloud。

本章简单介绍了微服务和微服务的解决方案 Spring Cloud，从而为读者学习 Spring Cloud Alibaba 打下坚实的基础。

1.1　微服务简介

微服务是一种用于构建分布式应用的架构方案。微服务架构方案有别于更为传统的单体式方案，它将一个原本独立的系统拆分成了多个小型服务。服务之间可以通过基于 HTTP/HTTPS 的 RESTful API 进行通信协作，也可以通过 RPC 协议进行通信协作。每个功能都被称为一项服务，可以单独构建和部署。由于使用轻量级通信协议作为基础，所以微服务可以使用不同的语言来编写。

1.1.1　什么是微服务

比如，人们网上购物，首先应该去购物网站搜索商品，这个搜索功能就可以开发成一个微服务。人们也可以看到相关商品的推荐，这些推荐项也可以是一个微服务。后面的加入购物车、下订单、支付等功能都可以开发成相互独立运行的微服务。

"微服务"最初是面向对象专家 Martin Fowler 在 2014 年写的一篇文章 *Microservices* 中提出来的，下面为原文内容。

> In short, the **microservice architectural style** is an approach to developing a single application as a **suite of small services**, each **running in its own process** and communicating with **lightweight** mechanisms, often an **HTTP** resource API. These services are **built around business capabilities** and **independently deployable** by fully **automated deployment** machinery. There is a **bare minimum of centralized management** of these services, which may be **written in different programming languages** and use different data storage technologies.
>
> James Lewis and Martin Fowler（2014）

通过对这段话的理解，微服务具有如下特点。

- 微服务是一种架构风格。
- 微服务把一个应用拆分为一组小型服务。
- 微服务的每个服务运行在自己的进程内，即它们可以独立部署和升级。
- 微服务的服务之间使用轻量级 HTTP 交互，一般使用 JSON 交换数据。
- 服务围绕业务功能拆分。
- 可以由全自动部署机制独立部署。

- 去中心化，服务自治。服务可以使用不同的语言和存储技术。

微服务具有以上特点，那么作为一个微服务框架（比如 Spring Cloud），它应该具备什么功能？微服务框架的功能主要体现在以下几个方面。

- 注册中心：服务提供者和消费者，能够从注册中心注册并得到服务信息。
- 配置中心：在微服务架构中设计服务大多需要对配置文件进行统一管理。
- 服务链路追踪：对于服务之间的负载调用，要能通过链路追踪得到具体参与者的信息，且在调用链路出现问题时能够快速定位。
- 负载均衡：服务调用服务会采用一定的负载均衡策略来保证服务的高可用。
- 服务容错：通过熔断、降级服务容错策略，对系统进行有效的保护。降级是指在服务或依赖的服务异常时，返回保底数据；熔断是指依赖服务多次失效，则熔断器打开，不再尝试调用，直接返回降级信息，熔断后，定期探测依赖服务可用性，若恢复则恢复调用。
- 服务网关：用户请求过载时，进行限流、排队、过载保护、黑白名单、异常用户过滤拦截等都可以通过服务网关实现。
- 服务发布与回滚：蓝绿部署、灰度、AB 测试等发布策略，可快速回滚应用。
- 服务动态伸缩、容器化：根据服务负载情况，可快速手动或自动进行节点的增加和减少。

1.1.2　微服务的优点

相对于单体架构，微服务具备很多优势，主要体现在以下几方面。

- 易于开发和维护：一个微服务只会关注一个特定的业务功能，所以它的业务清晰、代码量少，开发和维护单个微服务也相当简单。而整个应用是由若干个微服务构建而成的，所以整个应用也被维持在一个可控状态。
- 单个微服务启动较快：单个微服务代码量较少，所以启动会比较快。
- 局部修改容易部署：单个应用只要有修改就得重新部署整个应用，微服务解决了这样的问题。一般来说，对某个微服务进行修改，只需要重新部署这个服务即可。
- 技术栈不受限：在微服务架构中，可以结合项目业务及团队的特点，合理选择技术栈。例如，某些服务可以使用关系型数据库 MySQL；某些微服务有图形计算需求，可以使用 Neo4j；甚至可以根据需求，部分微服务使用 Java 开发，部分微服务使用 Node. js 开发。
- 按需收缩：可以根据需求实现细粒度的扩展。例如，系统中的某个微服务遇到了瓶颈，可以结合这个微服务的业务特点，增加内存、升级 CPU 或者增加节点。

综上所述，单体架构的缺点恰恰是微服务架构的优点，而这些优点使得微服务架构看起来非常完美。然而，完美的东西并不存在，微服务仍然面临着一些挑战。

1.1.3　微服务架构面临的挑战

同其他技术一样，微服务架构也有缺点。由于微服务往往过于强调服务的细粒度，其至几行代码就是一个微服务，这样就会不可避免地增加它的运维和部署成本，当然微服务在其治理过程中也面临着诸多挑战。

- 治理难度大：微服务治理需要一整套解决方案，包括服务的注册发现、容灾处理、负载均衡、配置管理链路追踪等。
- 运维要求较高：更多的服务意味着更多的运维投入。在单体架构中，只需要保证一个应用的正常运行。而在微服务中，需要保证几十甚至几百个服务正常运行与协作，这给运维带来了很大的挑战。
- 分布式固有的复杂性：使用微服务构建的是分布式系统。对于一个分布式系统来说，系统容错、网络延迟、分布式事务等都会带来巨大的挑战。
- 接口调整成本高：微服务之间通过接口进行通信。如果修改某一个微服务 API，可能所有使用该接口的微服务都需要调整。

以上微服务架构所面临的挑战，都可以借助 Spring Cloud 框架来有效解决。

1.2　Spring Cloud 简介

　　Spring Cloud 是 Spring 提供的微服务框架。它利用 Spring Boot 的开发特性简化了微服务开发的复杂性，如服务发现注册、配置中心、消息总线、负载均衡、断路器、数据监控等，这些工作都可以借助 Spring Boot 的开发风格做到一键启动和部署。

　　Spring Cloud 的目标是通过一系列组件，帮助开发者迅速构建一个分布式系统，它是通过包装其他公司的产品来实现的，比如 Spring Cloud 整合了开源的 Netflix 的很多产品。Spring Cloud 提供了微服务治理的诸多组件，例如，服务注册和发现、配置中心、熔断器、智能路由、微代理、控制总线、全局锁、分布式会话等。

　　Spring Cloud 的组件非常多，涉及微服务开发的诸多场景，本节主要介绍 Spring Cloud 以及其最为基础的五大组件。Spring Cloud 的架构图如图 1-1 所示。

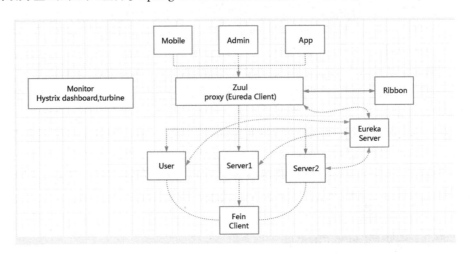

●图 1-1　Spring Cloud 的架构图

下面介绍 Spring Cloud 的五个重要组件。

1.2.1　Netflix Eureka

Eureka 相当于微服务架构中的"通信录"。负责微服务的注册和发现工作，它记录了服务和服务地址的映射关系。在分布式架构中，服务会注册到 Eureka 注册中心，当服务需要调用其他服务时，就从 Eureka 找到其他服务的地址，进行调用。Eureka 在 Spring Cloud 中用来作为服务治理以实现服务的注册和发现。Eureka 主要涉及三大角色：服务提供者、服务消费者、注册中心。

服务注册是指各个微服务在启动时，将自己的网络地址等信息注册到 Eureka，服务提供者将自己的服务信息，如服务名、IP 等告知服务注册中心。

服务发现是指当一个服务消费者需要调用另一个服务时，服务消费者会从 Eureka 查询服务提供者的地址，并通过该地址调用服务提供者的接口。一个服务既可以是服务消费者，也可以是服务提供者。

各个微服务与注册中心使用一定机制（如心跳）通信。如果 Eureka 与某个微服务长时间无法通信，就会将该服务实例从服务注册中心中剔除，如果剔除掉这个服务实例一段时间后，此服务恢复心跳，那么服务注册中心会将该实例重新纳入到服务列表中。

Eureka 需要接收服务的心跳，用来检测服务是否可用，而且每个服务会定期去 Eureka 申请服务列表的信息，当服务实例很多时，Eureka 中的负载就会很大，所以必须实现 Eureka 服务注册中心的高可用，一般的做法是将 Eureka 集群化。

在没有 Eureka 时，服务间调用需要知道被调方的地址或者代理地址。当服务更换部署地址时，就不得不修改调用当中指定的地址或者修改代理配置。当有更多的服务时，便会有对后期的维护管理成本太高、操作非常麻烦的问题。而有了注册中心之后，每个服务在调用别的服务的时候只需要知道服务名称就好，服务地址都会通过注册中心进行同步。Eureka 的架构图如图 1-2 所示。

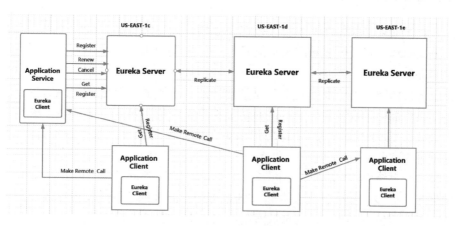

●图 1-2　Eureka 的架构图

1.2.2　Netflix Ribbon

为了保证服务的高可用（High Availability），服务往往是多节点部署。而 Spring Cloud Ribbon 主要提供服务消费者调用服务提供者的服务时的负载均衡算法。

Spring Cloud Ribbon 是一个基于 HTTP 和 TCP 的客户端负载均衡工具，它基于 Netflix Ribbon 实现。因为服务消费者继承了负载均衡组件，通过 Spring Cloud 的封装，该组件会在向服务消费者获取服务注册列表信息中，通过一定的负载均衡算法默认轮询，选择一个服务提供者实例，提供给服务消费者调用，这样就实现了负载均衡。

Ribbon 有很多的负载均衡策略，读者可自行查阅源码或相关文档进行使用和了解。Ribbon 的架构如图 1-3 所示。

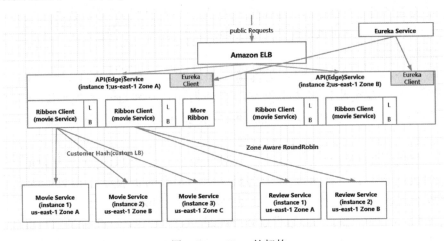

●图 1-3　Ribbon 的架构

1.2.3　Netflix Hystrix

微服务数量众多，服务之间的相互依赖也是错综复杂的。如果微服务的一个调用链的某个环节出现问题，则会影响到调用其他服务，引发雪崩问题。

1. 雪崩效应

在微服务架构中，由于服务众多，通常会涉及多个服务层级的调用，而一旦基础服务发生故障，很可能会导致级联故障，进而造成整个系统的不可用，这种现象被称为服务雪崩效应。服务雪崩效应是一种因"服务提供者"的不可用导致"服务消费者"的不可用，并将这种不可用逐渐放大的过程。

比如在一个系统中，A 是服务提供者，B 是 A 的服务消费者，C 和 D 又是 B 的服务消费者。如果此时 A 发生故障，则会引起 B 的不可用，而 B 的不可用又将导致 C 和 D 的不可用，当这种不可用像滚雪球一样逐渐放大的时候，雪崩效应就形成了。

2. 熔断器

为了解决分布式系统的雪崩问题，Spring Cloud 提供了 Hystrix 熔断器组件，熔断器来源于物理中的电路熔断器，如同电力过载保护器。它可以实现快速失败，如果它在一段时间内侦测到许多类似的错误，也就是当一个服务请求失败的次数在一定时间内到达设定的阈值时，熔断器打开，这时所有请求执行快速失败，不执行业务逻辑，当熔断器打开一段时间后，熔断器进入半开状态，并执行一定数量的请求，如果请求执行失败，熔断器继续打开，若执行成功，则熔断器关闭。熔断器是保护服务高可用的最后一道防线。

　　Netflix Hystrix 是 Spring Cloud 微服务解决方案中的熔断器，用来保护微服务系统，避免发生雪崩效应。Hystrix 的架构如图 1-4 所示。

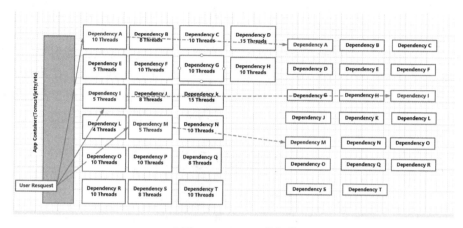

●图 1-4　Hystrix 的架构

1.2.4　Spring Cloud Gateway

　　前面介绍了通过 Ribbon 实现微服务之间的调用和负载均衡的内容，那各种微服务是如何提供给外部应用调用的呢？

　　当然，因为是 REST API 接口，外部客户端直接调用各个微服务是没有问题的。但出于种种原因，这并不是一个好的选择。让客户端直接与各个微服务通信，会存在以下几个问题。

- 客户端会多次请求不同的微服务，增加了客户端的复杂性。
- 存在跨域请求，在一定场景下处理会变得比较复杂。
- 实现认证复杂，每个微服务都需要独立认证。
- 难以重构，项目迭代可能导致微服务重新划分。如果客户端直接与微服务通信，那么重构将会很难实施。
- 如果某些微服务使用了防火墙或对浏览器不友好的协议，直接访问会有一定困难。

　　面对上面的问题，我们要如何解决？答案就是：服务网关。在微服务系统中微服务资源一般不直接暴露给外部客户端访问，这样做的好处是将内部服务隐藏起来，从而解决上述问题。

　　网关有很多重要的意义，具体体现在下面几个方面。

- 网关可以做一些身份认证、权限管理、防止非法请求等操作服务，对服务起一定保护作用。

- 网关将所有微服务统一管理，对外统一暴露，外界系统不需要知道微服务架构各服务相互调用的复杂性，同时也避免了内部服务的一些敏感信息泄露的问题。
- 易于监控。可在微服务网关收集监控数据并将其推送到外部系统进行分析。
- 客户端只跟服务网关打交道，减少了客户端与各个微服务之间的交互次数。
- 多渠道支持，可以根据不同客户端（Web端、移动端、桌面端等）提供不同的 API 服务网关。
- 网关可以用来做流量监控。在高并发的情况下，对服务限流、降级。
- 网关可以把服务从内部分离出来，方便测试。

Spring Cloud Gateway 能够实现 API 网关、路由、负载均衡等多种功能，类似 Nginx，可以实现反向代理的功能。在微服务架构中，后端服务往往不直接开放给调用端，而是根据请求的 URL，通过一个 API 网关路由到相应的服务。当添加 API 网关后，在第三方调用端和服务提供方之间就创建了一面墙，在这面墙直接与调用方通信进行权限控制，微服务网关将请求均衡分发给业务微服务。Spring Cloud Gateway 的架构如图1-5所示。

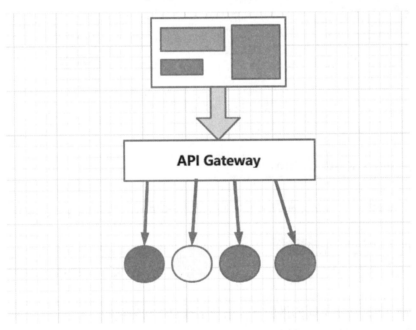

● 图1-5 Spring Cloud Gateway 的架构

1.2.5 Spring Cloud Config

在分布式系统中，由于服务的数量众多，且每个服务都有大量的配置文件，配置文件的管理是非常麻烦的工作。为了方便服务配置文件的统一管理、实时更新，需要通过分布式配置中心组件对配置文件进行统一的管理。

在 Spring Cloud 中，有分布式配置中心组件 Spring Cloud Config，它支持配置服务存放在配置服务的内存（即本地）中，也支持配置服务存放在远程 Git 仓库中。

在 Spring Cloud Config 组件中有两个角色：一是 Config Server；二是 Config Client。

- Config Server 是一个可横向扩展、集中式的配置服务器，它用于集中管理应用程序各个环境下的配置，默认使用 Git 存储配置文件内容，也可以使用 SVN 或本地文件存储。
- Config Client 是 Config Server 的客户端，用于操作存储在 Config Server 中的配置内容。

微服务在启动时会请求 Config Server 获取配置文件的内容，请求配置文件后再启动微服务。Spring Cloud Config 的架构如图 1-6 所示。

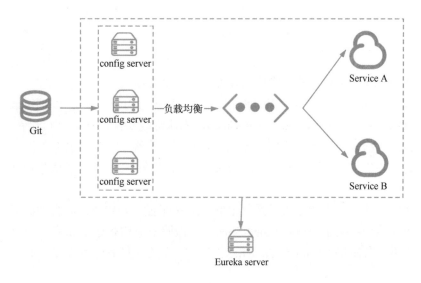

●图 1-6　Spring Cloud Config 的架构

1.3　Spring Cloud Alibaba 简介

1.3

　　Spring Cloud Alibaba 致力于提供微服务开发的一站式解决方案。该项目包含开发分布式应用微服务的必需组件，方便开发者通过 Spring Cloud 编程模型来使用这些组件轻松开发分布式应用服务。

　　依托 Spring Cloud Alibaba，用户只需要添加一些注解和少量配置，就可以将 Spring Cloud 应用接入阿里微服务解决方案，通过阿里中间件来迅速搭建分布式应用系统。

1.3.1　为什么使用 Spring Cloud Alibaba

　　Spring Cloud Alibaba 是 Spring Cloud 家族产品的一个套件，跟 Netflix 套件一样，它涵盖了非常多的实用组件，其中很多组件跟 Netflix 一样，内容和功能存在重叠，那人们为什么放弃 Netflix，转而选择 Spring Cloud Alibaba 呢？有如下两个原因。

- Spring Cloud Netflix 项目进入了维护模式，维护模式意味着 Spring Cloud 团队将不再向该团队添加新功能，只修复 block 级别的漏洞以及安全问题，会考虑审查社区的小型

21111212222

111

Pull Requests，参考网址 https://spring.io/blog/2018/12/12/spring-cloud-greenwich-rc1-available-now。

- 对于我国用户来说，Spring Cloud Alibaba 还有一个非常特殊的意义，它将红极一时的 Dubbo，以及阿里巴巴的消息中间件 RocketMQ 融入 Spring Cloud 体系，同时 Spring Cloud Alibaba 中间件产品通过应对阿里巴巴的各种实际高并发场景，在实际案例中表现得足够优秀，值得用户信赖。

1.3.2 Spring Cloud Alibaba 的主要功能

Spring Cloud Alibaba 框架的主要功能分为以下几个方面。

- 服务限流降级：默认支持 WebServlet、WebFlux、OpenFeign、RestTemplate、Spring Cloud Gateway、Zuul、Dubbo 和 RocketMQ 限流降级功能的接入，可以在运行时通过控制台实时修改限流降级规则，还支持查看限流降级 Metrics 监控。
- 服务注册与发现：适配 Spring Cloud 服务注册与发现标准，默认集成了 Ribbon 的支持。
- 分布式配置管理：支持分布式系统中的外部化配置，配置更改时自动刷新。
- 消息驱动能力：基于 Spring Cloud Stream 为微服务应用构建消息驱动能力。
- 分布式事务：使用 @GlobalTransactional 注解，高效并且对业务零侵入地解决分布式事务问题。
- 阿里云对象存储：阿里云提供海量、安全、低成本、高可靠的云存储服务。支持在任何应用、任何时间、任何地点存储和访问任意类型的数据。
- 分布式任务调度：提供秒级、精准、高可靠、高可用的定时（基于 Cron 表达式）任务调度服务。同时提供分布式的任务执行模型，如网格任务。网格任务支持海量子任务均匀分配到所有 Worker（SchedulerX-client）上执行。
- 阿里云短信服务：覆盖全球的短信服务，友好、高效、智能的互联化通信能力，帮助企业迅速搭建客户触达通道。

1.3.3 Spring Cloud Alibaba 的主要组件

Spring Cloud Alibaba 框架主要包括如下基本组件。

- Sentinel：把流量作为切入点，从流量控制、熔断降级、系统负载保护等多个维度保护服务的稳定性。
- Nacos：一个更易于构建云原生应用的动态服务发现、配置管理和服务管理平台。
- Seata：阿里巴巴开源产品，一个易于使用的高性能微服务分布式事务解决方案。
- RocketMQ：一款开源的分布式消息系统，基于高可用分布式集群技术，提供低延时、高可靠的消息发布与订阅服务。
- Dubbo：一款高性能 Java RPC 框架。
- Alibaba Cloud OSS：即阿里云对象存储服务（Object Storage Service，OSS），是阿里云

提供的海量安全、低成本、高可靠的云存储服务。可以在任何应用、任何时间、任何地点存储和访问任意类型的数据。

- Alibaba Cloud SchedulerX：阿里中间件团队开发的一款分布式任务调度产品，提供秒级、精准、高可靠、高可用的定时（基于 Cron 表达式）任务调度服务。
- Alibaba Cloud SMS：覆盖全球的短信服务，具有友好、高效、智能的互联化通信能力，帮助企业迅速搭建客户触达通道。

1.3.4　Spring Cloud Alibaba 版本说明

Spring Cloud Alibaba 各个组件版本的对应关系见表 1-1。

表 1-1　组件版本关系

Spring Cloud Alibaba 版本	Sentinel 版本	Nacos 版本	RocketMQ 版本	Dubbo 版本	Seata 版本
2.2.5 RELEASE、2.1.4 RELEASE 或 2.0.4 RELEASE	1.8.0	1.4.1	4.4.0	2.7.8	1.3.0
2.2.3 RELEASE、2.1.3 RELEASE 或 2.0.3 RELEASE	1.8.0	1.3.3	4.4.0	2.7.8	1.3.0
2.2.1 RELEASE、2.1.2 RELEASE 或 2.0.2 RELEASE	1.7.1	1.2.1	4.4.0	2.7.6	1.2.0
2.2.0 RELEASE	1.7.1	1.1.4	4.4.0	2.7.4.1	1.0.0
2.1.1 RELEASE、2.0.1 RELEASE 或 1.5.1 RELEASE	1.7.0	1.1.4	4.4.0	2.7.3	0.9.0
2.1.0 RELEASE、2.0.0 RELEASE 或 1.5.0 RELEASE	1.6.3	1.1.1	4.4.0	2.7.3	0.7.1

Spring Boot、Spring Cloud 和 Spring Cloud Alibaba 框架版本的对应关系见表 1-2。

表 1-2　依赖版本关系

Spring Cloud 版本	Spring Cloud Alibaba 版本	Spring Boot 版本
Spring Cloud 2020.0	2020.0.RC1	2.4.2.RELEASE
Spring Cloud Hoxton.SR8	2.2.5.RELEASE	2.3.2.RELEASE
Spring Cloud Greenwich.SR6	2.1.4.RELEASE	2.1.13.RELEASE
Spring Cloud Hoxton.SR3	2.2.1.RELEASE	2.2.5.RELEASE
Spring Cloud Hoxton.RELEASE	2.2.0.RELEASE	2.2.X.RELEASE
Spring Cloud Greenwich	2.1.2.RELEASE	2.1.X.RELEASE
Spring Cloud Finchley	2.0.4.RELEASE	2.0.X.RELEASE
Spring Cloud Edgware	1.5.1.RELEASE（停止维护，建议升级）	1.5.X.RELEASE

  在使用 Spring Cloud Alibaba 进行分布式系统开发时，一定要注意版本的对应关系，否则会发生各种奇怪的错误，最稳妥的方案是按照官网推荐版本的对应关系使用。本书案例采用的 Spring Boot、Spring Cloud、Spring Cloud Alibaba 版本如下。

- Spring Boot 2. 3. 2. RELEASE。
- Spring Cloud Hoxton. SR8。
- Spring Cloud Alibaba 2. 2. 5. RELEASE。

第 2 章

Spring Cloud 开发脚手架 Spring Boot

Spring Cloud 是 Spring 提供的一套微服务解决方案，负责微服务的注册发现、配置管理、负载均衡等。一个微服务系统往往会分解出大量的微服务工程，这些微服务工程都是在 Spring Boot 框架的基础上构建的，所以 Spring Boot 是 Spring Cloud 开发的脚手架。Spring Boot 基于约定大于配置的方式，帮助开发者快速构建 Spring Cloud 微服务工程，这里有必要掌握 Spring Boot 的原理和基本用法。

2.1　Spring Boot 简介

2.1

Spring Boot 基于"约定大于配置"原理，能够快速创建出生产级别独立运行的 Spring 应用，比如 Spring Cloud 微服务工程。

1. Spring Boot 的优点

Spring Boot 基于自动配置原理，让人们从传统的 Spring 开发需要编写的大量配置文件和整合第三方构件的烦琐工作中解脱出来，专注于业务的实现，让人们能够快速开发和部署一个能独立运行的 Spring 应用，这一点尤其适用于微服务分布式项目的开发，因为微服务系统中独立运行的微服务众多。Spring Boot 的优点如下。

- 能够快速创建单独的 Spring 应用。
- 在 Spring Boot 项目中内嵌了 Web 容器。
- 通过使用自动配置方式，方便配置 Spring 以及其他第三方组件。
- 提供生产级别的监控、健康检查以及外部化配置。
- 通过注解配置，无须编写传统的 Spring XML 配置文件。

2. Spring Boot 环境要求

Spring Boot 的开发环境要求如下。

- Java8 及以上。
- Maven3.3 及以上。

2.2　Spring Boot 最佳实践

2.2

Spring Boot 是如何帮人们快速构建单独运行的 Web 项目的？接下来介绍 Spring Boot 构建一个 Web 项目的过程，让读者感受 Spring Boot 带来的便利。

2.2.1　准备工作

通过设置~/.m2/setting.xml 配置文件，可以统一配置工程 JDK 版本在 1.8 以上，以符合 Spring Boot 的要求，而不需要在具体工程配置 JDK 版本，同时设置从阿里镜像下载构件，这样可以有效提高构件的下载速度，配置如下。

```
1.  <mirrors>
2.      <mirror>
3.          <id>nexus-aliyun</id>
4.          <mirrorOf>central</mirrorOf>
5.          <name>Nexusaliyun</name>
6.          <url>http://maven.aliyun.com/nexus/content/groups/public</url>
7.      </mirror>
8.  </mirrors>
9.
10. <profiles>
11.     <profile>
12.         <id>jdk-1.8</id>
13.         <activation>
14.             <activeByDefault>true</activeByDefault>
15.             <jdk>1.8</jdk>
16.         </activation>
17.         <properties>
18.             <maven.compiler.source>1.8</maven.compiler.source>
19.             <maven.compiler.target>1.8</maven.compiler.target>
20.             <maven.compiler.compilerVersion>1.8</maven.compiler.com-
    pilerVersion>
21.         </properties>
22.     </profile>
23. </profiles>
```

2.2.2 开发 Web 项目

开发一个 Web 项目，项目的需求非常简单，当浏览器发送"/hello"请求时，响应
"Hello，Spring Boot 2"。

1. 引入依赖

创建 maven 项目继承"spring-boot-starter-parent"，引入依赖"spring-boot-starter-
web"，Web 场景启动器引入到项目后，Spring Boot 会自动引入 Web 开发所需的依赖，比如
Spring MVC 等，maven 配置文件代码如下。

```
1.  <?xml version="1.0" encoding="UTF-8"?>
2.  <project xmlns="http://maven.apache.org/POM/4.0.0"
3.      xmlns:xsi="http://www.w3.org/2001/XMLSchema-instance"
4.      xsi:schemaLocation="http://maven.apache.org/POM/4.0.0 http://
    maven.apache.org/xsd/maven-4.0.0.xsd">
5.      <modelVersion>4.0.0</modelVersion>
6.
```

```
7.        <groupId>com.lxs.demo </groupId>
8.        <artifactId>01_helloworld </artifactId>
9.        <version>1.0-SNAPSHOT </version>
10.
11.    <parent>
12.        <groupId>org.springframework.boot </groupId>
13.        <artifactId>spring-boot-starter-parent </artifactId>
14.        <version>2.4.5 </version>
15.    </parent>
16.
17. <!--    <properties>-->
18. <!--        <mysql.version>5.1.43</mysql.version>-->
19. <!--    </properties>-->
20.
21.    <dependencies>
22.        <dependency>
23.            <groupId>org.springframework.boot </groupId>
24.            <artifactId>spring-boot-starter-web </artifactId>
25.        </dependency>
26. <!--        <dependency>-->
27. <!--            <groupId>mysql</groupId>-->
28. <!--            <artifactId>mysql-connector-java</artifactId>-->
29. <!--        </dependency>-->
30.
31.        <dependency>
32.            <groupId>org.springframework.boot </groupId>
33.            <artifactId>spring-boot-configuration-processor </artifactId>
34.            <optional>true </optional>
35.        </dependency>
36.
37.        <dependency>
38.            <groupId>org.projectlombok </groupId>
39.            <artifactId>lombok </artifactId>
40.        </dependency>
41.        <dependency>
42.            <groupId>org.springframework.boot </groupId>
43.            <artifactId>spring-boot-devtools </artifactId>
44.            <optional>true </optional>
45.        </dependency>
46.
47.    </dependencies>
48.
```

```
49.
50.     <build>
51.        <plugins>
52.           <plugin>
53.              <groupId>org.springframework.boot</groupId>
54.              <artifactId>spring-boot-maven-plugin</artifactId>
55.           </plugin>
56.        </plugins>
57.     </build>
58.
59. </project>
```

2. Spring Boot 启动器类

接下来创建 Spring Boot 启动器，在 main 方法中使用 SpringApplication. run （MainAppli-cation. **class**，args）启动 Spring Boot 项目，注意需要添加 Spring Boot 的关键注解@Spring-BootApplication 来完成 Spring Boot 的自动配置，具体原理在以后的章节进行解析。Spring Boot 启动器类代码如下。

```
1.  /**
2.   * 主程序类
3.
4.   */
5.  @SpringBootApplication
6.  public class MainApplication {
7.
8.      public static void main(String[] args) {
9.          SpringApplication.run(MainApplication.class,args);
10.     }
11. }
```

3. 控制器组件

创建 HelloController，映射路径为 "/hello"，响应内容为 "Hello, Spring Boot 2!"，Hello-Controller 类代码如下。

```
1.  @RestController
2.  public class HelloController {
3.
4.      @RequestMapping("/hello")
5.      public String handle01(){
6.          return "Hello, Spring Boot 2!";
7.      }
8.  }
```

4. 运行测试

直接运行 main 方法，访问 http://localhost:8080/hello，即可看到 "Hello, Spring Boot 2!"，

可以看到 Spring Boot 项目的正确运行，既不需要部署到 Tomcat，也不需要 web. xml 和 Spring 相关的 XML 配置文件。Spring Boot 是如何完成自动配置的，具体原理在后续章节解析。

5. jar 方式运行

如果需要打包成单独运行的 jar 文件执行 Spring Boot 项目，需要配置如下 Spring Boot Maven 插件，否则默认打包不包含内嵌的 Web 容器，也就是 Tomcat 不会被打包进去，pom. xml 配置如下。

```
1.  <build>
2.      <plugins>
3.          <plugin>
4.              <groupId>org.springframework.boot</groupId>
5.              <artifactId>spring-boot-maven-plugin</artifactId>
6.          </plugin>
7.      </plugins>
8.  </build>
```

执行 mvn package 后，从 target 目录中找到打包的项目的 jar 文件，直接执行"java -jar app. jar"即可运行 Spring Boot 应用。

2. 2. 3 Spring Boot 常用注解

本节主要阐述 Spring Boot 常用的几个注解，以方便后续学习和理解 SpringBoot 的自动配置原理。

1. @Configuration 注解

声明当前类是一个配置类，用来代替传统的 XML 配置文件。其中的 proxyBeanMethods 属性有两个取值，作用如下。

- true：表示@Configuration 声明的类产生 Cglib 代理对象，同时保证每个@Bean 方法不论被调用多少次，返回的组件都是单实例的。
- false：表示@Configuration 声明的类产生普通对象，同时每个@Bean 方法不论被调用多少次，返回的组件都是新创建的。

2. @Bean 注解

在容器中产生对象，相当于如下 XML 配置，默认对象名等于方法名。

```
1.  <bean id="user01" class ="com.lxs.demo.bean.User">
2.      <property name ="name" value ="zhangsan"></property>
3.      <property name ="age" value ="18"></property>
4.  </bean>
```

3. @ComponentScan 注解

@ComponentScan 注解用来设置 Spring 注解搜索的包，Spring Boot 工程默认搜索@Spring-BootApplication 注解类所在的包和子包，具体原理在后续章节中介绍。

4. @Import 注解

给容器创建指定类型的对象，默认组件名为全类名，一般用于导入其他配置类，比如把不同配置放到不同的配置类中，最后导入主配置类。

5. @Conditional 注解

@Conditional 表示按条件配置（按条件装配），此系列注解是理解 Spring Boot 自动配置原理最重要的注解，它表示满足 Conditional 指定的条件时，当前配置生效，执行相应的功能，具体子类如图 2-1 所示。

●图 2-1　条件装配注解

比如下面代码产生 User 对象，因为配置了@ConditionalOnBean（name = " tom"），也就是当 Pet 对象不产生时，User 对象也不会产生，代码如下。

```
1.  @Configuration(proxyBeanMethods = true )
2.  @Import(JdbcConfig.class )
3.  public class MyConfig {
4.
5.      @Bean
6.      @ConditionalOnBean(name = "tom")
7.      public User user01() {
8.          Userzhangsan = new User("zhangsan", 18);
9.          zhangsan.setPet(tomcatPet());
10.         return zhangsan;
11.     }
12.
13.     //    @Bean("tom")
14.     public Pet tomcatPet() {
15.         return new Pet("tomcat");
16.     }
17.
18. }
```

6. @ConfigurationProperties 注解

@ConfigurationProperties 注解把配置的属性绑定到容器对象属性。配置属性绑定支持以下两个特性。

- 支持不严格要求属性文件中的属性名与成员变量名一致。支持驼峰、中画线、下画线等转换，甚至支持对象引导。比如 user. friend. name 代表的是 user 对象 friend 属性中的 name 属性，显然 friend 也是对象。@value 注解就难以完成这样的注入方式。
- 支持 meta-data support，元数据支持，帮助 IDE 生成属性提示。

7. @EnableConfigurationProperties 注解

开启配置绑定，把配置绑定的对象注册到容器。在使用@ConfigurationProperties 注解绑定属性文件的对象时，对象必须由 Spring 容器管理，有以下两种方式可以实现。

- 使用@Component 把@ConfigurationProperties 配置绑定对象注册到容器。
- 使用@EnableConfigurationProperties 开启配置绑定，把配置绑定的对象注册到容器（推荐这种方式）。

配置绑定功能的演示如下，首先在配置文件 application. properties 进行如下配置。

```
1.  mycar.brand=宝马
2.  mycar.price=100000
```

然后使用@ConfigurationProperties 让 Car 对象自动读取配置文件，同时在 Controller 使用，当访问 http://localhost:8080/car 时，可以看到配置对象绑定的配置属性。

```
1.  //1、配置绑定对象
2.  //@Component
3.  @ConfigurationProperties(prefix = "mycar")
4.  public class Car {
5.
6.      private String brand;
7.      private Integer price;
8.  }
9.
10. //2、配置类
11. @EnableConfigurationProperties(Car.class )
12. public class MyConfig {
13. }
14.
15. //3、Controller
16. @RestController
17. public class HelloController {
18.
19.     @Autowired
20.     private Car car;
21.
```

```
22.     @RequestMapping("/car")
23.     public Car car() {
24.        return car;
25.     }
26. }
```

如果在写配置文件时，希望能够根据配置绑定对象，在 Idea 中有代码提示，则需要在 pom.xml 中配置如下依赖。

```
1.  <dependency>
2.      <groupId>org.springframework.boot</groupId>
3.      <artifactId>spring-boot-configuration-processor</artifactId>
4.      <optional>true</optional>
5.  </dependency>
```

这时在 Idea 中写配置绑定的属性时，便会有代码提示，这就是@ConfigurationProperties 注解对于 meta-data 的支持。

2.2.4　Spring Boot 入门案例分析

上述案例利用 Spring Boot 开发一个基本的 Web 项目，请求 "/hello"，返回 "Hello，Spring Boot2!"，但是既没有手动引入很多构件，比如 Spring MVC，也没有进行之前 Spring MVC Web 项目的各种配置，比如 web.xml 和 Spring 的容器配置等。Spring Boot 在项目中的功能如下。

1. 父项目做依赖管理

项目中配置了 Spring Boot 父项目后代码如下。

```
1.  <parent>
2.      <groupId>org.springframework.boot</groupId>
3.      <artifactId>spring-boot-starter-parent</artifactId>
4.      <version>2.4.5</version>
5.  </parent>
```

从中可以看到该项目继承了 spring-boot-starter-parent，而 spring-boot-starter-parent 又继承了 spring-boot-dependencies，打开 spring-boot-dependencies 工程的 pom.xml，看到 spring-boot-dependencies 几乎声明了所有项目开发中常用的依赖构件的版本号，如图 2-2 所示。

同时，在 spring-boot-dependencies 中，配置了开发中常用构件的依赖管理，如图 2-3 所示。

2. 自动版本仲裁机制

因为配置了 Spring Boot 父项目，所以引入父项目已有的依赖都可以不写版本，这称为自动版本仲裁机制，而引入非版本仲裁的 jar 时则需要写版本号，如特殊的第三方组件 My-Batis 构件，如图 2-4 所示。

```xml
<scm>
  <url>https://github.com/spring-projects/spring-boot</url>
</scm>
<properties>
  <activemq.version>5.16.1</activemq.version>
  <antlr2.version>2.7.7</antlr2.version>
  <appengine-sdk.version>1.9.88</appengine-sdk.version>
  <artemis.version>2.15.0</artemis.version>
  <aspectj.version>1.9.6</aspectj.version>
  <assertj.version>3.18.1</assertj.version>
  <atomikos.version>4.0.6</atomikos.version>
  <awaitility.version>4.0.3</awaitility.version>
  <bitronix.version>2.1.4</bitronix.version>
  <build-helper-maven-plugin.version>3.2.0</build-helper-maven-plugin.version>
  <byte-buddy.version>1.10.22</byte-buddy.version>
  <caffeine.version>2.8.8</caffeine.version>
  <cassandra-driver.version>4.9.0</cassandra-driver.version>
  <classmate.version>1.5.1</classmate.version>
```

●图 2-2　Spring Boot 常用构件的版本管理

```xml
  <xml-maven-plugin.version>1.0.2</xml-maven-plugin.version>
  <xmlunit2.version>2.7.0</xmlunit2.version>
</properties>
<dependencyManagement>
  <dependencies>
    <dependency>
      <groupId>org.apache.activemq</groupId>
      <artifactId>activemq-amqp</artifactId>
      <version>${activemq.version}</version>
    </dependency>
    <dependency>
      <groupId>org.apache.activemq</groupId>
      <artifactId>activemq-blueprint</artifactId>
      <version>${activemq.version}</version>
    </dependency>
    <dependency>
      <groupId>org.apache.activemq</groupId>
      <artifactId>activemq-broker</artifactId>
      <version>${activemq.version}</version>
    </dependency>
```

●图 2-3　Spring Boot 常用构件的依赖管理

```xml
<version>0.0.1-SNAPSHOT</version>
<name>06-mybatis-demo</name>
<description>Demo project for Spring Boot</description>
<properties>
    <java.version>1.8</java.version>
    <mysql.version>5.1.49</mysql.version>
</properties>
<dependencies>
    <dependency>
        <groupId>org.springframework.boot</groupId>
        <artifactId>spring-boot-starter-web</artifactId>
    </dependency>
    <dependency>
        <groupId>org.mybatis.spring.boot</groupId>
        <artifactId>mybatis-spring-boot-starter</artifactId>
        <version>2.1.4</version>
    </dependency>
```

●图 2-4　MyBatis 构件版本

3. 修改默认版本

查看 spring-boot-dependencies 的 pom. xml，可以看到 Spring Boot 规定了大量的常用组件的自动仲裁版本，如图 2-5 所示。

●图 2-5　spring-boot-dependencies 中的自动仲裁版本

如果想在当前项目中修改组件的版本号，比如要修改 MySQL 的依赖版本，若使用的 MySQL 版本是 5.7，而 Spring Boot 2.4.5 自动仲裁 MySQL 版本是 8.0.23，这时可以在 pom. xml 中，对应上面 spring-boot-dependencies 配置的 key，进行相应的修改，代码如下。

```
1.  <properties>
2.      <mysql.version>5.1.43</mysql.version>
3.  </properties>
```

4. Starter 场景启动器

Starter 场景启动器是 Spring Boot 对一个开发场景的解决方案，比如案例中 spring-boot-starter-web 场景启动器，就包含 Web 场景开发的解决方案，主要包括 Web 场景下的依赖、自动配置、配置绑定对象等。下面简单介绍 Starter 场景启动器的特性。

- spring-boot-starter- *，*代表某种场景，比如 spring-boot-starter-web 中的 web 表示 Web 开发场景。
- 只要引入 Starter，这个场景的所有需要的常规依赖都会自动引入。比如引入了 spring-boot-starter-web，内嵌的 Tomcat 和 Spring MVC 构件就会引入。
- *-spring-boot-starter，这种命名的场景启动器为第三方场景启动器，比如 mybatis-spring-boot-starter，表示 MyBatis 的场景启动器。
- 所有场景启动器最底层的依赖是 spring-boot-starter，这个组件中配置了自动版本仲裁，以及 Spring Boot 默认加载的自动配置类，Spring Boot 2.4.5 自动加载 130 个自动配置类。

2.3　自动配置原理

2.3

Spring Boot 的核心就是自动配置，自动配置又是基于条件判断来配置 Bean 的。自动配置的源码在 spring-boot-autoconfigure-2.4.5. RELEASE. jar 中。

2.3.1　Spring Boot 注解分析

接下来从 Spring Boot 启动器来分析 Spring Boot 如何完成自动配置。

1. @SpringBootApplication 注解

Spring Boot 启动器中的第一个注解是@SpringBootApplication。从启动器得知，所有的 Spring Boot 项目开始于@SpringBootApplication，SpringBootApplication 的源码如下。

```
1.  @Target(ElementType.TYPE)
2.  @Retention(RetentionPolicy.RUNTIME)
3.  @Documented
4.  @Inherited
5.  @SpringBootConfiguration
6.  @EnableAutoConfiguration
7.  @ComponentScan(excludeFilters = { @Filter(type = FilterType.CUSTOM, clas-
    ses = TypeExcludeFilter.class ),
8.          @Filter(type = FilterType.CUSTOM, classes = AutoConfigurationEx-
    cludeFilter.class ) })
9.  public @interface SpringBootApplication {
10.
11.
12.      @AliasFor(annotation = EnableAutoConfiguration.class )
13.      Class<?>[] exclude() default {};
14.
15.
16.      @AliasFor(annotation = EnableAutoConfiguration.class )
17.      String[]excludeName() default {};
18.
19.
20.      @AliasFor(annotation = ComponentScan.class,attribute = "basePackag-
    es")
21.      String[]scanBasePackages() default {};
22.
23.
```

```
24.      @AliasFor(annotation = ComponentScan.class,attribute = "basePackage-
Classes")
25.      Class<?>[]scanBasePackageClasses() default {};
26.
27.
28.      @AliasFor(annotation = ComponentScan.class,attribute = "nameGenera-
tor")
29.      Class<? extends BeanNameGenerator> nameGenerator() default BeanNameGen-
erator.class;
30.
31.
32.      @AliasFor(annotation = Configuration.class)
33.      boolean proxyBeanMethods() default true;
34.
35. }
```

可以看到@SpringBootApplication又分为以下三个注解。

- @SpringBootConfiguration：SpringBootConfiguration中有一个@Configuration，代表当前是一个配置类。
- @ComponentScan：指定扫描哪些包，定义Spring注解包扫描。
- @EnableAutoConfiguration：启用Spring应用程序上下文的自动配置，尝试猜测和配置用户可能需要的Bean。

2. @EnableAutoConfiguration注解

@EnableAutoConfiguration注解用来启用Spring应用程序上下文的自动配置，尝试猜测和配置用户可能需要的Bean，它是Spring Boot完成自动配置最重要的注解。@EnableAuto-Configuration注解源码如下。

```
1.  @Target(ElementType.TYPE)
2.  @Retention(RetentionPolicy.RUNTIME)
3.  @Documented
4.  @Inherited
5.  @AutoConfigurationPackage
6.  @Import(AutoConfigurationImportSelector.class)
7.  public @interface EnableAutoConfiguration {
8.
9.    /**
10.     * Environment property that can be used to override when auto-configu-
ration is
11.     * enabled.
12.     */
13.    String ENABLED_OVERRIDE_PROPERTY = "spring.boot.enableautocon figura-
tion";
```

```
14.
15.    /**
16.     * Exclude specific auto-configuration classes such that they will nev-
    er be applied.
17.     * @return the classes to exclude
18.     */
19.    Class<?>[] exclude() default {};
20.
21.    /**
22.     * Exclude specific auto-configuration class names such that they will
    never be
23.     * applied.
24.     * @return the class names to exclude
25.     * @since 1.3.0
26.     */
27.    String[]excludeName() default {};
28.
29. }
```

从@EnableAutoConfiguration 源码可知，它又分为两个重要注解，即@AutoConfiguration-Package 和@Import（AutoConfigurationImportSelector. class）。

（1）@AutoConfigurationPackage

@AutoConfigurationPackage 注解有以下两个功能。

- 通过利用 Registrar 给容器中批量注册一系列组件。
- 指定当前工程作为默认的包，也就是启动器所在的包和子包的组件会被加载到 Spring 容器中，如图 2-6 所示。

●图 2-6　默认搜索包

（2）@Import（AutoConfigurationImportSelector. class）

AutoConfigurationImportSelector 实现了自动配置类的加载，默认加载 spring – boot – auto-configure–2. 4. 5. jar 中 META–INF/spring. factories 配置文件的 130 个自动配置类，注意，不

同 Spring Boot 版本的数量可能不同。AutoConfigurationImportSelector 部分源码如下。

```
1.  public class AutoConfigurationImportSelector implements DeferredImportSe-
    lector, BeanClassLoaderAware, ResourceLoaderAware, BeanFactoryAware,
2.        EnvironmentAware, Ordered {
3.
4.
5.     @Override
6.     public String[] selectImports(AnnotationMetadata annotationMetadata) {
7.         if (!isEnabled(annotationMetadata)) {
8.             return NO_IMPORTS;
9.         }
10.        AutoConfigurationEntry autoConfigurationEntry = getAutoConfigura-
    tionEntry(annotationMetadata);
11.        return StringUtils.toStringArray(autoConfigurationEntry.get Con-
    figurations());
12.    }
13.
14.    @Override
15.    public Predicate<String> getExclusionFilter() {
16.        return this::shouldExclude;
17.    }
18.
19.    private boolean shouldExclude(String configurationClassName) {
20.        return getConfigurationClassFilter().filter(Collections. single-
    tonList(configurationClassName)).isEmpty();
21.    }
22.
23.
24.     protected AutoConfigurationEntry getAutoConfigurationEntry(Annota-
    tionMetadata annotationMetadata) {
25.        if (!isEnabled(annotationMetadata)) {
26.            return EMPTY_ENTRY;
27.        }
28.        AnnotationAttributes attributes = getAttributes(annotationMetada-
    ta);
29.        List<String> configurations = getCandidateConfigurations(annota-
    tionMetadata, attributes);
30.        configurations = removeDuplicates(configurations);
31.        Set<String> exclusions = getExclusions(annotationMetadata, attrib-
    utes);
32.        checkExcludedClasses(configurations, exclusions);
```

```
33.          configurations.removeAll(exclusions);
34.          configurations = getConfigurationClassFilter().filter(configura-
    tions);
35.          fireAutoConfigurationImportEvents(configurations, exclusions);
36.          return new AutoConfigurationEntry(configurations, exclusions);
37.      }
38.
39. }
```

AutoConfigurationImportSelector 的作用总结如下。

- 利用 getAutoConfigurationEntry（annotationMetadata）给容器中批量注册组件。
- 调用 List<String> configurations = getCandidateConfigurations（annotationMetadata，attributes）获取所有需要导入容器中的配置类。
- 利用工厂方法加载 Map<String，List<String>>loadSpringFactories（@NullableClassLoaderclassLoader）得到所有的组件。
- 加载 META-INF/spring. factories 配置文件中的自动配置类。

通过调试可知，getCandidateConfigurations 方法返回的 130 个自动配置类如图 2-7 所示。

●图 2-7　getCandidateConfigurations 方法返回的 130 个自动配置类

其中 130 个自动配置类从 spring - boot - autoconfigure - 2. 4. 5. jar 中 META - INF/spring. factories 文件中定义，并且由 getCandidateConfigurations 方法加载得到，如图 2 - 8 所示。

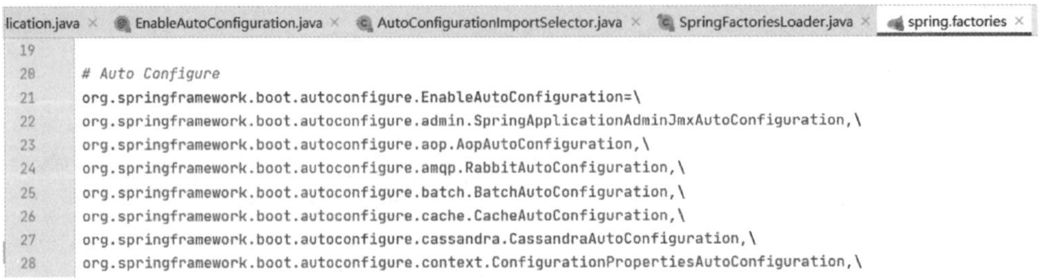

●图 2-8　spring. factories 中的自动配置类

2.3.2　按需开启自动配置

虽然 130 个场景的所有自动配置类启动的时候默认全部加载。但是自动配置类会按照条件装配规则（@Conditional）定义的条件，最终按需配置。下面分析几个自动配置类。

1. AopAutoConfiguration

AopAutoConfiguration 是实现 AOP 功能的自动配置类，源码如下。

```
1.  @Configuration(proxyBeanMethods = false)
2.  @ConditionalOnProperty(prefix = "spring.aop", name = "auto", havingValue =
    "true", matchIfMissing = true)
3.  public class AopAutoConfiguration {
4.
5.      @Configuration(proxyBeanMethods = false)
6.      @ConditionalOnClass(Advice.class)
7.      static class AspectJAutoProxyingConfiguration {
8.
9.          @Configuration(proxyBeanMethods = false)
10.         @EnableAspectJAutoProxy(proxyTargetClass = false)
11.         @ConditionalOnProperty(prefix = "spring.aop", name = "proxy-target
    -class", havingValue = "false", matchIfMissing = false)
12.
13.         static class JdkDynamicAutoProxyConfiguration {
14.
15.         }
16.
17.         @Configuration(proxyBeanMethods = false)
18.         @EnableAspectJAutoProxy(proxyTargetClass = true)
19.         @ConditionalOnProperty(prefix = "spring.aop", name = "proxy-target
    -class", havingValue = "true", matchIfMissing = true)
20.
21.         static class CglibAutoProxyConfiguration {
22.
23.         }
24.
25.     }
26.
27.     @Configuration(proxyBeanMethods = false)
28.     @ConditionalOnMissingClass("org.aspectj.weaver.Advice")
29.     @ConditionalOnProperty(prefix = "spring.aop", name = "proxy-target-
    class", havingValue = "true", matchIfMissing = true)
```

```
30.
31.     static class ClassProxyingConfiguration {
32.
33.         ClassProxyingConfiguration(BeanFactory beanFactory) {
34.             if (beanFactory instanceof BeanDefinitionRegistry) {
35.                 BeanDefinitionRegistry registry = (BeanDefinitionRegistry)
    beanFactory;
36.                 AopConfigUtils.registerAutoProxyCreatorIfNecessary(regis-
    try);
37.                 A opConfigUtils.forceAutoProxyCreatorToUseClassProxying(reg-
    istry);
38.             }
39.         }
40.
41.     }
42.
43. }
```

分析上述源码，因为 AspectJ 类库不存在，所以当前采用 JDK 代理，也就是接口代理的方式实现 AOP，如果用 Idea 打开，可以看到缺少的类显示红色，如图 2-9 所示。

```
44  @Configuration(proxyBeanMethods = false)
45  @ConditionalOnProperty(prefix = "spring.aop", name = "auto", havingValue = "true", matchIfMissing = true)
46  public class AopAutoConfiguration {
47
48      @Configuration(proxyBeanMethods = false)
49      @ConditionalOnClass(Advice.class)                    因为aspjectj.Advice类不存在，所有
58      static class AspectJAutoProxyingConfiguration {...}   默认采用JDK代理即为接口实现类
69                                                            方式的AOP
78      @Configuration(proxyBeanMethods = false)
71      @ConditionalOnMissingClass("org.aspectj.weaver.Advice")
72      @ConditionalOnProperty(prefix = "spring.aop", name = "proxy-target-class", havingValue = "true",
73          matchIfMissing = true)
74      static class ClassProxyingConfiguration {...}
85
```

●图 2-9　AOP 自动配置

2. DispatcherServletAutoConfiguration

DispatcherServletAutoConfiguration 实现了 Spring MVC 中的 DispatcherServlet 的自动配置。
DispatcherServletAutoConfiguration 部分源码如下。

```
1.  @AutoConfigureOrder(Ordered.HIGHEST_PRECEDENCE)
2.  @Configuration(proxyBeanMethods = false )
3.  @ConditionalOnWebApplication(type = Type.SERVLET)
4.  @ConditionalOnClass(DispatcherServlet.class )
5.  @AutoConfigureAfter(ServletWebServerFactoryAutoConfiguration.class )
6.  public class DispatcherServletAutoConfiguration {
7.      @Configuration(proxyBeanMethods = false )
8.      @Conditional(DefaultDispatcherServletCondition.class )
9.      @ConditionalOnClass(ServletRegistration.class )
```

```
10.     @EnableConfigurationProperties(WebMvcProperties.class)
11.     protected static class DispatcherServletConfiguration {
12.
13.         @Bean(name = DEFAULT_DISPATCHER_SERVLET_BEAN_NAME)
14.         public DispatcherServlet dispatcherServlet(WebMvcProperties webM-
    vcProperties) {
15.             DispatcherServlet dispatcherServlet = new DispatcherServlet();
16.             dispatcherServlet.setDispatchOptionsRequest(webMvcProperties.
    isDispatchOptionsRequest());
17.             dispatcherServlet.setDispatchTraceRequest(webMvcProperties.
    isDispatchTraceRequest());
18.             dispatcherServlet.setThrowExceptionIfNoHandlerFound(webMvcProp-
    erties.isThrowExceptionIfNoHandlerFound());
19.             dispatcherServlet.setPublishEvents(webMvcProperties.isPublish-
    RequestHandledEvents());
20.             dispatcherServlet.setEnableLoggingRequestDetails(webMvcProp-
    erties.isLogRequestDetails());
21.             return dispatcherServlet;
22.         }
23.
24.         @Bean
25.         @ConditionalOnBean(MultipartResolver.class)
26.         @ConditionalOnMissingBean(name = DispatcherServlet.MULTIPART_RE-
    SOLVER_BEAN_NAME)
27.         public MultipartResolver multipartResolver(MultipartResolver re-
    solver) {
28.             // Detect if the user has created a MultipartResolver but named
    it incorrectly
29.             return resolver;
30.         }
31.
32.     }
33.
34. ...省略部分代码
35. }
```

分析上述源码，当 Web 容器为 Servlet 容器，且存在 DispatchServlet 类时，Dispatcher-ServletAutoConfiguration 自动配置才会生效，如图 2-10 所示。

DispatcherServletAutoConfiguration 自动配置类使用 WebMvcProperties 配置绑定对象，由此得知，可以通过改变 spring. mvc. * 属性来重新定义 DispatcherServletAutoConfiguration 自动配置使用的参数，如图 2-11 所示。

WebMvcProperties 自动配置类如图 2-12 所示。

```
64      */
65      @AutoConfigureOrder(Ordered.HIGHEST_PRECEDENCE)     优先级顺序最高
66      @Configuration(proxyBeanMethods = false)
67      @ConditionalOnWebApplication(type = Type.SERVLET)   Web容器是Servlet容器,区别响应式WebFlux
68      @ConditionalOnClass(DispatcherServlet.class)        存在DispatcherServlet
69      @AutoConfigureAfter(ServletWebServerFactoryAutoConfiguration.class)  配置在这个类之后
70      public class DispatcherServletAutoConfiguration {
71
```

● 图 2-10   DispatcherServletAutoConfiguration 源码分析

```
82      @Configuration(proxyBeanMethods = false)
83      @Conditional(DefaultDispatcherServletCondition.class)
84      @ConditionalOnClass(ServletRegistration.class)      存在ServletRegistration
85      @EnableConfigurationProperties(WebMvcProperties.class)  加载配置文件绑定对象
86      protected static class DispatcherServletConfiguration {
87
88          @Bean(name = DEFAULT_DISPATCHER_SERVLET_BEAN_NAME)
89          public DispatcherServlet dispatcherServlet(WebMvcProperties webMvcProperties) {
90              DispatcherServlet dispatcherServlet = new DispatcherServlet();
91              dispatcherServlet.setDispatchOptionsRequest(webMvcProperties.isDispatchOptionsRequest());
92              dispatcherServlet.setDispatchTraceRequest(webMvcProperties.isDispatchTraceRequest());
93              dispatcherServlet.setThrowExceptionIfNoHandlerFound(webMvcProperties.isThrowExceptionIfNoHandlerFound());
94              dispatcherServlet.setPublishEvents(webMvcProperties.isPublishRequestHandledEvents());
95              dispatcherServlet.setEnableLoggingRequestDetails(webMvcProperties.isLogRequestDetails());
96              return dispatcherServlet;                        产生DispatcherServlet
97          }
```

● 图 2-11   绑定 WebMvcProperties

```
41      @ConfigurationProperties(prefix = "spring.mvc")
42      public class WebMvcProperties {
43
44          /**
45           * Formatting strategy for message codes. For instance, `PREFIX_ERROR_CODE`.
46           */
47          private DefaultMessageCodesResolver.Format messageCodesResolverFormat;
48
49          /**
50           * Locale to use. By default, this locale is overridden by the "Accept-Language"
51           * header.
52           */
53          private Locale locale;
```

● 图 2-12   WebMvcProperties 自动配置类

在 DispatcherServletAutoConfiguration 自动配置类中还有下面的代码,这些代码可以防止 SpringMVC 中 multipartResolver 命名不规范的错误,因为 Spring MVC 中要求 MultipartResolver 命名必须为 "MultipartResolver",故有如下配置。注意,注解 @ConditionalOnBean (MultipartResolver.class) 表示 MultipartResolver 对象存在,这段配置才会生效,如图 2-13 所示。

```
99      @Bean
100     @ConditionalOnBean(MultipartResolver.class)              容器中有这个类型的组件
101     @ConditionalOnMissingBean(name = DispatcherServlet.MULTIPART_RESOLVER_BEAN_NAME)  没有此名称的组件
102     public MultipartResolver multipartResolver(MultipartResolver resolver) {
103         // Detect if the user has created a MultipartResolver but named it incorrectly
104         return resolver;
105     }                     防止命名不规范,把容器中命名不规范的MultipartResolver改名
```

● 图 2-13   防止 MultipartResolver 命名错误

3. HttpEncodingAutoConfiguration

HttpEncodingAutoConfiguration 配置 CharacterEncodingFilter 避免 Web 项目的中文乱码,

用户可以测试传入中文参数，Spring Boot 项目不像 Spring MVC 项目一样还需要配置 CharacterEncodingFilter，因为在 Spring Boot 项目中默认没有乱码，原因在于 Spring Boot 已经在自动配置类 HttpEncodingAutoConfiguration 中完成了 CharacterEncodingFilter 的产生，并且设置了字符集为 UTF-8，源码如下。

```
1.  @Configuration(proxyBeanMethods = false)
2.  @EnableConfigurationProperties(ServerProperties.class)
3.  @ConditionalOnWebApplication(type = ConditionalOnWebApplication.Type.
    SERVLET)
4.  @ConditionalOnClass(CharacterEncodingFilter.class)
5.  @ConditionalOnProperty(prefix = "server.servlet.encoding", value = "ena-
    bled", matchIfMissing = true)
6.  public class HttpEncodingAutoConfiguration {
7.
8.      private final Encoding properties;
9.
10.     public HttpEncodingAutoConfiguration(ServerProperties properties) {
11.         this.properties = properties.getServlet().getEncoding();
12.     }
13.
14.     @Bean
15.     @ConditionalOnMissingBean
16.     public CharacterEncodingFilter characterEncodingFilter() {
17.         CharacterEncodingFilter filter = new OrderedCharacterEncodingFilter();
18.         filter.setEncoding(this.properties.getCharset().name());
19.         filter.setForceRequestEncoding(this.properties.shouldForce(Enco-
    ding.Type.REQUEST));
20.          filter.setForceResponseEncoding(this.properties.shouldForce(En-
    coding.Type.RESPONSE));
21.         return filter;
22.     }
23.
24.     @Bean
25.     public LocaleCharsetMappingsCustomizer localeCharsetMappings Customi-
    zer() {
26.         return new LocaleCharsetMappingsCustomizer(this.properties);
27.     }
28.
29.     static class LocaleCharsetMappingsCustomizer implements WebServer
30.             FactoryCustomizer<ConfigurableServletWebServerFactory>, Or-
    dered {
31.
32.         private final Encoding properties;
```

```
33.
34.        LocaleCharsetMappingsCustomizer(Encoding properties) {
35.            this.properties = properties;
36.        }
37.
38.        @Override
39.        public void customize(ConfigurableServletWebServerFactory factory)
          {
40.            if (this.properties.getMapping() != null) {
41.                factory.setLocaleCharsetMappings(this.properties.get Map-
      ping());
42.            }
43.        }
44.
45.        @Override
46.        public int getOrder() {
47.            return 0;
48.        }
49.
50.    }
51.
52. }
```

分析上述源码可知，因为自动配置了设置编码的字符集过滤器，同时设置字符集为UTF-8，所以项目没有乱码，如图2-14所示。

●图2-14　HttpEncodingAutoConfiguration 自动配置

Spring Boot 默认会在底层配置好所有的组件。但是如果用户自己配置了相应的组件，则以用户的配置优先，代码如下，在项目中如果已经有了 CharacterEncodingFilter，则会优先使用用户配置的字符集过滤器。

```
1. @Bean
2. @ConditionalOnMissingBean
3. public CharacterEncodingFilter characterEncodingFilter() {
4. }
```

2.3.3　自动配置总结

Spring Boot 自动配置原理总结如下。
- Spring Boot 先加载所有的自动配置类，即默认的 130 个自动配置类，再在 spring-boot-autoconfigure-2.4.5.jar 中进行 META-INF/spring.factories 定义。
- 每个自动配置类按照条件生效，默认都会绑定配置文件指定的值。通过修改绑定的配置属性的值，可以对自动配置的行为进行自定制和干预。
- 生效的自动配置类会给容器中装配相应的组件。
- 只要容器中产生这些组件，就会有相应的功能（比如 DispatcherServlet 等组件）生效。
- 用户可以在项目中自己配置组件（比如字符集过滤器）来代替自动配置的字符集过滤器。
- 可以通过修改配置绑定对象，绑定的属性值会对 Spring Boot 自动配置行文进行自定制和干预。

2.4　自定义 Starter

2.4

在学习了自动配置原理后，可以基于这个机制来实现一个自定义 Starter 场景启动器，以便加深读者对于自定义配置 Starter 场景启动器的理解，同时 Spring Boot 官方提供的 Starter 并不能囊括所有组件（比如用户自己的组件），也需要开发 Starter 组件。

2.4.1　自定义 Starter 分析

参考 Spring Boot 自动配置原理，项目首先加载 Starter，Starter 加载自动配置类，然后再通过配置绑定对象读取配置属性，注册组件。自定义 Starter 如图 2-15 所示。

2.4.2　实现步骤

开发的自定义 Starter 需求是，项目依赖 hello-spring-boot-starter，hello-spring-boot-starter 又加载 HelloAutoConfiguration，HelloAutoConfiguration 自动产生 HelloService，项目中引入 hello-springboot-start 后，用户便可以使用 HelloAutoConfiguration 产生的 HelloService 了。

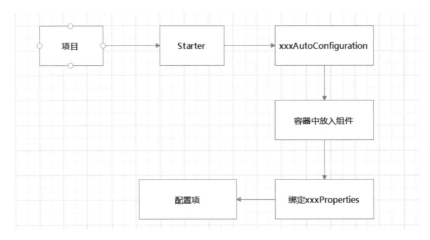

●图 2-15　自定义 Starter

1. 自定义场景启动器

创建自定义场景启动器 hello-spring-boot-starter，自定义启动器依赖于自动配置类 hello-spring-boot-starter-autoconfigure，其 pom. xml 配置如下。

```
1.   <?xml version = "1.0" encoding = "UTF-8"?>
2.   <projectxmlns = "http://maven.apache.org/POM/4.0.0"
3.       xmlns:xsi = "http://www.w3.org/2001/XMLSchema-instance"
4.       xsi:schemaLocation = "http://maven.apache.org/POM/4.0.0 http://ma-
   ven.apache.org/xsd/maven-4.0.0.xsd">
5.     <modelVersion>4.0.0</modelVersion>
6.
7.     <groupId>com.lxs.demo</groupId>
8.     <artifactId>hello-spring-boot-starter</artifactId>
9.     <version>1.0-SNAPSHOT</version>
10.
11.   <dependencies>
12.       <dependency>
13.           <groupId>com.lxs.demo</groupId>
14.           <artifactId>hello-spring-boot-starter-autoconfigure</arti-
   factId>
15.           <version>1.0-SNAPSHOT</version>
16.       </dependency>
17.   </dependencies>
18.
19. </project>
```

2. 自定义自动配置类

接下来创建 hello-spring-boot-starter-autoconfigure 自动配置类，创建自动配置类工程后编写 pom. xml 文件。

（1）pom. xml 文件

自定义 Starter 自动配置类，需要继承 spring-boot-starter，具体 pom. xml 配置如下。

```
1.  <?xml version="1.0" encoding="UTF-8"?>
2.  <projectxmlns="http://maven.apache.org/POM/4.0.0"
3.          xmlns:xsi="http://www.w3.org/2001/XMLSchema-instance"
4.          xsi:schemaLocation="http://maven.apache.org/POM/4.0.0
    http://maven.apache.org/xsd/maven-4.0.0.xsd">
5.      <modelVersion>4.0.0</modelVersion>
6.
7.      <parent>
8.          <groupId>org.springframework.boot</groupId>
9.          <artifactId>spring-boot-starter-parent</artifactId>
10.         <version>2.4.5</version>
11.     </parent>
12.
13.
14.     <groupId>com.lxs.demo</groupId>
15.     <version>1.0-SNAPSHOT</version>
16.     <artifactId>hello-spring-boot-starter-autoconfigure</artifactId>
17.
18.     <dependencies>
19.         <dependency>
20.             <groupId>org.springframework.boot</groupId>
21.             <artifactId>spring-boot-starter</artifactId>
22.         </dependency>
23.
24.         <dependency>
25.             <groupId>org.springframework.boot</groupId>
26.             <artifactId>spring-boot-configuration-processor</artifactId>
27.             <optional>true</optional>
28.         </dependency>
29.
30.     </dependencies>
31.
32. </project>
```

（2）属性绑定对象

在自动配置类中使用配置绑定对象 HelloProperties 读取 lxs. hello 前缀的配置参数，提供给自动配置类产生的 HelloService 使用，代码如下。

```
1.  @ConfigurationProperties("lxs.hello")
2.  public class HelloProperties {
3.
```

```
4.     private String prefix = "default-prefix";
5.     private String suffix = "default-suffix";
6.
7.     public String getPrefix() {
8.         return prefix;
9.     }
10.
11.     public void setPrefix(String prefix) {
12.         this.prefix = prefix;
13.     }
14.
15.     public String getSuffix() {
16.         return suffix;
17.     }
18.
19.     public void setSuffix(String suffix) {
20.         this.suffix = suffix;
21.     }
22. }
```

（3）配置对象

在自动配置 HelloServiceAutoConfiguration 类中会自动产生 HelloService，这样引入了 hello-spring-boot-starter 场景启动器的 Spring Boot 工程就都可以使用 HelloService 了，代码如下。

```
1.  @Configuration
2.  @EnableConfigurationProperties(HelloProperties.class)    //默认 HelloProp-
    erties 放在容器中
3.  public class HelloServiceAutoConfiguration{
4.
5.      @ConditionalOnMissingBean(HelloService.class)
6.      @Bean
7.      public HelloService helloService(){
8.          HelloService helloService = new HelloService();
9.          return helloService;
10.     }
11.
12. }
```

（4）HelloService 类

自动配置类产生的 HelloService 代码如下。

```
1.  public class HelloService {
2.
3.      @Autowired
```

```
4.     private HelloProperties helloProperties;
5.
6.     public String sayHello(String userName){
7.         return helloProperties.getPrefix() + ":"+userName+"»"+helloProper-
   ties.getSuffix();
8.     }
9. }
```

（5）META-INF/spring. factories 文件

自动配置类需要配置在 META-INF/spring. factories 中，具体代码如下。

```
1.   # Auto Configure
2.   org.springframework.boot.autoconfigure.EnableAutoConfiguration = \
3.   com.lxs.demo.autoconfigure.HelloServiceAutoConfiguration
```

3. 使用自定义 Starter

创建项目使用自定义 Starter，这样就能自动使用自定义场景启动器帮用户创建 HelloSer-vice 了。

（1）pom. xml 文件

在项目的 pom. xml 配置文件中引入自定义场景启动器，代码如下。

```
1.  <?xml version = "1.0" encoding = "UTF-8"?>
2.  <projectxmlns = "http://maven.apache.org/POM/4.0.0"
3.           xmlns:xsi = "http://www.w3.org/2001/XMLSchema-instance"
4.           xsi:schemaLocation = "http://maven.apache.org/POM/4.0.0
   http://maven.apache.org/xsd/maven-4.0.0.xsd">
5.    <modelVersion>4.0.0</modelVersion>
6.
7.    <parent>
8.       <groupId>org.springframework.boot</groupId>
9.       <artifactId>spring-boot-starter-parent</artifactId>
10.       <version>2.4.5</version>
11.    </parent>
12.
13.
14.    <groupId>com.lxs.demo</groupId>
15.    <artifactId>hello-spring-boot-starter-test</artifactId>
16.    <version>1.0-SNAPSHOT</version>
17.
18.    <dependencies>
19.       <dependency>
20.          <groupId>org.springframework.boot</groupId>
21.          <artifactId>spring-boot-starter-web</artifactId>
22.       </dependency>
```

```
23.
24.        <dependency>
25.            <groupId>org.springframework.boot</groupId>
26.            <artifactId>spring-boot-starter-test</artifactId>
27.            <scope>test</scope>
28.        </dependency>
29.
30.        <dependency>
31.            <groupId>com.lxs.demo</groupId>
32.            <artifactId>hello-spring-boot-starter</artifactId>
33.            <version>1.0-SNAPSHOT</version>
34.        </dependency>
35.    </dependencies>
36.
37.    <build>
38.        <plugins>
39.            <plugin>
40.                <groupId>org.springframework.boot</groupId>
41.                <artifactId>spring-boot-maven-plugin</artifactId>
42.            </plugin>
43.        </plugins>
44.    </build>
45.
46.
47.
48. </project>
```

（2）HelloController 类

在 HelloController 类中使用自定义 Starter 创建的 HelloService，测试代码如下。

```
1.  @RestController
2.  public class HelloController {
3.
4.      @Autowired
5.      private HelloService helloService;
6.
7.      @GetMapping("/hello")
8.      public String sayHello(){
9.
10.         String s =helloService.sayHello("张三");
11.         return s;
12.     }
13. }
```

测试访问连接 http://localhost:8080/hello，执行自动配置类产生的 HelloService，得到的结果为"default-prefix：张三 default-suffix"，说明自动配置类已生效。如果在项目中修改配置绑定的属性 prefix 和 suffix，输出结果会相应改变。

（3）MyConfig 类

项目中如果存在 HelloService 对象，则优先使用项目中产生的 HelloService 对象，自定义的 Starter 中产生 HelloService 对象的代码则不执行，代码如下。

```
1.  @Configuration
2.  public class MyConfig {
3.
4.      @Bean
5.      public HelloService helloService(){
6.          HelloService helloService = new HelloService();
7.
8.          return helloService;
9.      }
10. }
```

第 3 章

Nacos 服务发现和配置管理

Nacos 是一款阿里巴巴开源的支持服务注册与发现、配置管理和微服务管理的组件，用来取代以前常用的注册中心（ZooKeeper、Eureka 等）和配置中心（Spring Cloud Config 等）。Nacos 集成了注册中心和配置中心的功能。

3.1　Nacos 简介

3.1

Nacos（前四个字母分别为 Naming 和 Configuration 的前两个字母，最后的 s 为 Service）致力于帮助用户发现、配置和管理微服务。Nacos 提供了一组简单易用的特性集，帮助用户快速实现动态服务发现、服务配置、服务元数据及流量管理。

Nacos 是能够帮助用户更敏捷和容易地构建、交付和管理微服务的平台，是构建以"服务"为中心的现代应用架构（如微服务范式、云原生范式）的服务基础设施。Nacos 支持几乎所有主流类型的"服务"的发现、配置和管理。

Nacos 的关键特性如下。

1. 服务发现和健康监测

Nacos 支持基于 DNS 和 RPC 的服务发现。服务提供者使用原生 SDK、OpenAPI 或一个独立的 Agent TODO 注册 Service 后，服务消费者可以使用 DNS TODO 或 HTTP&API 查找和发现服务。

Nacos 提供对服务实时的健康检查，阻止向不健康的主机或服务实例发送请求。Nacos 支持传输层（PING 或 TCP）和应用层（如 HTTP、MySQL、用户自定义）的健康检查。对于复杂的云环境和网络拓扑环境中（如 VPC、边缘网络等）服务的健康检查，Nacos 提供了 Agent 上报和服务端主动检测两种健康检查模式。Nacos 还提供了统一的健康检查仪表盘，根据健康状态来管理服务的可用性及流量。

2. 动态配置服务

动态配置服务可以让用户以中心化、外部化和动态化的方式管理所有环境的应用配置和服务配置。动态配置消除了配置变更时重新部署应用和服务的需要，让配置管理变得更加高效和敏捷。配置中心化管理让实现无状态服务变得更简单，让服务按需弹性扩展变得更容易。

Nacos 提供了一个简洁易用的 UI（控制台样例），帮助用户管理所有的服务和应用的配置。Nacos 还提供包括配置版本跟踪、金丝雀发布、一键回滚配置以及客户端配置更新状态跟踪的一系列开箱即用的配置管理特性，帮助用户更安全地在生产环境中管理配置变更，降低配置变更带来的风险。

3. 动态 DNS 服务

动态 DNS 服务支持权重路由，让用户容易地实现中间层负载均衡、更灵活的路由策略、流量控制以及数据中心内网的简单 DNS 解析服务。动态 DNS 服务还能让用户更容易地实现以 DNS 协议为基础的服务发现，消除耦合到厂商私有服务发现 API 上的风险。

Nacos 提供了一些简单的 DNS APIs TODO，以帮助用户管理服务的关联域名和可用的 IP∶PORT 列表。

4. 服务及其元数据管理

Nacos 可以让用户以微服务平台建设的视角管理数据中心的所有服务及元数据，包括管理服务的描述、生命周期、服务的静态依赖分析、服务的健康状态、服务的流量管理、路由及安全策略、服务的 SLA 以及最首要的 Metrics 统计数据。

总之，Naocs 具有 Eureka 的服务注册和发现功能，也有 Spring Cloud Config 的配置管理功能，同时，Nacos 管理的配置文件能够自动刷新，从这个意义上讲 Nacos 可以总结为如下公式：Nacos = Eureka + Spring Cloud Config + Spring Cloud Bus。

3.2　Nacos 安装

Nacos 安装步骤如下。

- 下载 nacos – server – 1.4.1.zip，官网下载地址 https://github.com/alibaba/nacos/releases/download/1.4.1/nacos-server-1.4.1.zip。
- 解压后进入 bin 目录，修改 startup.cmd 文件的 set MODE = "cluster" 为 set MODE = "standalone"，设置单机版模式启动。
- 执行 startup.cmd。
- 访问 http://localhost:8848/nacos，默认用户名和密码都是 "nacos"，即可访问 Nacos 默认管理控制台页面。

3.3　Nacos 服务注册与发现

Nacos 作为服务注册需要具备如下的能力。

- 服务提供者把自己的协议地址注册到 Nacos Server。
- 服务消费者需要从 Nacos Server 上查询服务提供者的地址（根据服务名称）。

3.3

- Nacos Server 需要感知服务提供者的上下线的变化。
- 服务消费者需要动态感知 Nacos Server 端服务地址的变化。

以下为一个 Nacos 作为注册中心的应用案例，模拟订单微服务调用支付微服务，订单和支付都注册到 Nacos，后续 Nacos 作为配置中心的案例也是用此案例从 Nacos 读取配置属性，Nacos 注册中心应用案例有如下两个微服务。

- 支付微服务，模拟订单支付功能，是服务提供者。
- 订单微服务，模拟下单业务，同时调用支付微服务，是服务消费者。

Nacos 注册中心应用案例的程序结构如图 3-1 所示。

●图 3-1　Nacos 案例的程序结构

3.3.1 父工程

创建父工程 cloud-alibaba-demo 统一管理 Spring Boot、Spring Cloud 和 Spring Cloud Alibaba 版本号如下。

- Spring Cloud Hoxton. SR8。
- Spring Cloud Alibaba 2. 2. 5. RELEASE。
- Spring Boot 2. 3. 2. RELEASE。

其中，父工程统一管理订单和支付子工程依赖的版本号，pom. xml 代码如下。

```xml
1.  <?xml version = "1.0" encoding = "UTF-8"?>
2.  <project xmlns = "http://maven.apache.org/POM/4.0.0"
3.      xmlns:xsi = "http://www.w3.org/2001/XMLSchema-instance"
4.      xsi:schemaLocation = "http://maven.apache.org/POM/4.0.0
    http://maven.apache.org/xsd/maven-4.0.0.xsd">
5.      <modelVersion>4.0.0</modelVersion>
6.
7.      <groupId>com.lxs.demo </groupId>
8.      <artifactId>cloud-alibaba-demo </artifactId>
9.      <version>1.0-SNAPSHOT </version>
10.
11.     <modules>
12.       <module>common </module>
13.       <module>payment </module>
14.       <module>order </module>
15.     </modules>
16.
17.     <packaging>pom </packaging>
18.
19.     <parent>
20.         <groupId>org.springframework.boot </groupId>
21.         <artifactId>spring-boot-starter-parent </artifactId>
22.         <version>2.3.2.RELEASE </version>
23.         <relativePath/> <!-- lookup parent from repository -->
24.     </parent>
25.
26.     <properties>
27.         <java.version>1.8</java.version>
28.         <alibaba-cloud.version>2.2.5.RELEASE </alibaba-cloud.version>
29.         <springcloud.version>Hoxton.SR8</springcloud.version>
30.     </properties>
31.
```

```
32.    <dependencyManagement>
33.        <dependencies>
34.            <dependency>
35.                <groupId>org.springframework.cloud</groupId>
36.                <artifactId>spring-cloud-dependencies</artifactId>
37.                <version>${springcloud.version}</version>
38.                <type>pom</type>
39.                <scope>import</scope>
40.            </dependency>
41.
42.            <dependency>
43.                <groupId>com.alibaba.cloud</groupId>
44.                <artifactId>spring-cloud-alibaba-dependencies</artifactId>
45.                <version>${alibaba-cloud.version}</version>
46.                <type>pom</type>
47.                <scope>import</scope>
48.            </dependency>
49.        </dependencies>
50.    </dependencyManagement>
51.
52.    <dependencies>
53.        <dependency>
54.            <groupId>org.apache.commons</groupId>
55.            <artifactId>commons-lang3</artifactId>
56.            <version>3.9</version>
57.        </dependency>
58.    </dependencies>
59.
60.    <build>
61.        <plugins>
62.            <plugin>
63.                <groupId>org.springframework.boot</groupId>
64.                <artifactId>spring-boot-maven-plugin</artifactId>
65.            </plugin>
66.        </plugins>
67.    </build>
68.
69.
70. </project>
```

3.3.2　支付微服务——服务提供者

创建支付微服务 payment，模拟提供订单支付功能，真实项目可以调用第三方支付（如支付宝支付、微信支付等），案例中提供支付业务模拟。

1. 引入依赖

在支付微服务 Maven 配置文件中主要依赖的构件包括 Nacos 服务发现组件 spring-cloud-starter-alibaba-nacos-discovery。pom. xml 代码如下。

```xml
1.  <?xml version = "1.0" encoding = "UTF-8"?>
2.  <project xmlns = "http://maven.apache.org/POM/4.0.0"
3.        xmlns:xsi = "http://www.w3.org/2001/XMLSchema-instance"
4.        xsi:schemaLocation = "http://maven.apache.org/POM/4.0.0
    http://maven.apache.org/xsd/maven-4.0.0.xsd">
5.      <parent>
6.          <artifactId>cloud-alibaba-demo </artifactId>
7.          <groupId>com.lxs.demo </groupId>
8.          <version>1.0-SNAPSHOT </version>
9.      </parent>
10.     <modelVersion>4.0.0</modelVersion>
11.
12.     <artifactId>payment </artifactId>
13.
14.
15.     <dependencies>
16.         <!--SpringCloud ailibaba nacos -->
17.         <dependency>
18.             <groupId>com.alibaba.cloud </groupId>
19.             <artifactId>spring-cloud-starter-alibaba-nacos-discovery </artifactId>
20.         </dependency>
21.         <dependency>
22.             <groupId>org.springframework.boot </groupId>
23.             <artifactId>spring-boot-starter-web </artifactId>
24.         </dependency>
25.         <dependency>
26.             <groupId>org.springframework.boot </groupId>
27.             <artifactId>spring-boot-starter-actuator </artifactId>
28.         </dependency>
29.         <dependency>
30.             <groupId>com.lxs.demo </groupId>
31.             <artifactId>common </artifactId>
```

```
32.          <version> ${project.version}</version>
33.        </dependency>
34.        <dependency>
35.            <groupId>org.projectlombok </groupId>
36.            <artifactId>lombok </artifactId>
37.            <optional>true </optional>
38.        </dependency>
39.        <dependency>
40.            <groupId>org.springframework.boot </groupId>
41.            <artifactId>spring-boot-starter-test </artifactId>
42.            <scope>test </scope>
43.        </dependency>
44.    </dependencies>
45. </project>
```

2. 配置文件

配置文件 application. yml 配置的微服务名为 "payment-service"，Nacos 注册中心地址为 "localhost：8848"，代码如下。

```
1.  server:
2.    port: ${port:9001}
3.
4.  spring:
5.    application:
6.      name: payment-service
7.    cloud:
8.      nacos:
9.        discovery:
10.          server-addr: localhost:8848 #配置 Nacos 地址
```

> **注意：**
>
> ${port:9001}表示启动时，若 JVM 中存在参数 port，则此微服务使用 JVM 的 port 参数；如果不存在 JVM 参数 port，则默认使用 9001 参数，参考后续微服务负载均衡部分需要使用此配置来启动多个微服务的实例。

3. 启动类

按照 Spring Boot 规范创建项目启动类，需要注意以下两个注解，代码如下。

● @SpringBootApplication：表示当前类是 Spring Boot 启动器。

● @EnableDiscoveryClient：表示向 Nacos 注册中心注册此微服务。

```
1.  package com.lxs.springcloud.alibaba;
2.
3.  import org.springframework.boot.SpringApplication;
```

```
4.  import org.springframework.boot.autoconfigure.SpringBootApplication;
5.  import org.springframework.cloud.client.discovery.EnableDiscoveryClient;
6.
7.  @SpringBootApplication
8.  @EnableDiscoveryClient
9.  public class PaymentApplication
10. {
11.     public static void main(String[] args) {
12.         SpringApplication.run(PaymentApplication.class, args);
13.     }
14. }
```

4. 控制器

PaymentController 控制器组件用来模拟支付功能,通过 ${server.port} 得到当前调用端口,模拟订单支付时直接打印订单 ID,同时打印当前微服务调用的端口,方便后续负载均衡效果的演示,代码如下。

```
1.  package com.lxs.springcloud.alibaba.controller;
2.
3.  import org.springframework.beans.factory.annotation.Value;
4.  import org.springframework.http.ResponseEntity;
5.  import org.springframework.web.bind.annotation.GetMapping;
6.  import org.springframework.web.bind.annotation.PathVariable;
7.  import org.springframework.web.bind.annotation.RestController;
8.  import org.springframework.web.context.annotation.RequestScope;
9.
10. import java.util.HashMap;
11.
12. @RestController
13. @RequestScope
14. public class PaymentController {
15.
16.     @Value("${config.info}")
17.     private String configInfo;
18.
19.     @GetMapping("/config/info")
20.     public String getConfigInfo() {
21.         return configInfo;
22.     }
23.
24.     @Value("${server.port}")
25.     private String serverPort;
26.
```

```
27.    @GetMapping("/paymentSQL/{id}")
28.    public ResponseEntity<String> paymentSQL(@PathVariable("id") Long id) {
29.        return ResponseEntity.ok("订单号 = " + id + ",支付成功,server.port" +
    serverPort);
30.    }
31.
32.
33.
34. }
```

5. 启动支付服务

启动的两个服务实例的端口号分别为 9001 和 9002, 注册到 Nacos 中。

启动配置 PaymentApplication-9002 中的 VM options 指定了参数-Dport=9002, 表示微服务配置 ${port:9001} 采用启动配置的 JVM 参数作为微服务端口, 如图 3-2 所示。

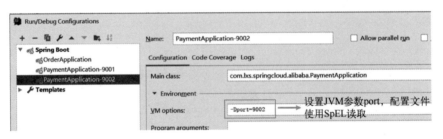

●图 3-2 启动支付服务指定 port 参数

启动配置 PaymentApplication-9001 中的 VM options 没有指定 port 参数, 表示微服务配置 ${port:9001} 默认采用 9001 作为微服务端口, 如图 3-3 所示。

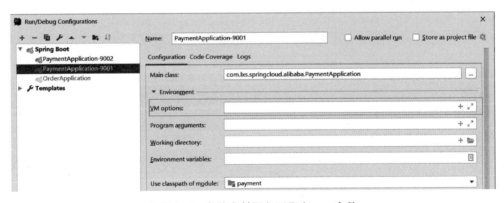

●图 3-3 启动支付服务不指定 port 参数

启动后访问 http://localhost:8848 查看 Nacos 服务列表, 发现两个支付微服务实例已经注册到 Nacos 注册中心了, 如图 3-4 所示。

●图 3-4　Nacos 服务列表

3.3.3　订单微服务——服务消费者

订单微服务模拟订单业务实现，主要使用 OpenFeign 和 RestTemplate 两种方式调用支付微服务，形成微服务之间的调用链路，对后续功能提供支持。

1. 引入依赖

Maven 配置文件 pom. xml 中主要依赖构件如下。

- spring-cloud-starter-alibaba-nacos-discovery：Nacos 服务发现构件。
- spring-cloud-starter-openfeign：OpenFeign 声明式、模板化的 HTTP 客户端构件。
- spring-cloud-starter-alibaba-sentinel：Sentinel 流控和熔断降级构件。

订单微服务的 pom. xml 配置文件代码如下。

```
1.  <?xml version="1.0" encoding="UTF-8"?>
2.  <project xmlns="http://maven.apache.org/POM/4.0.0"
3.          xmlns:xsi="http://www.w3.org/2001/XMLSchema-instance"
4.          xsi:schemaLocation="http://maven.apache.org/POM/4.0.0
    http://maven.apache.org/xsd/maven-4.0.0.xsd">
5.
6.      <parent>
7.          <artifactId>cloud-alibaba-demo</artifactId>
8.          <groupId>com.lxs.demo</groupId>
9.          <version>1.0-SNAPSHOT</version>
10.     </parent>
11.
12.     <modelVersion>4.0.0</modelVersion>
13.
14.     <artifactId>order</artifactId>
15.
16.
17.     <dependencies>
18.         <!--SpringCloud openfeign -->
19.         <dependency>
```

```
20.          <groupId>org.springframework.cloud </groupId>
21.          <artifactId>spring-cloud-starter-openfeign </artifactId>
22.      </dependency>
23.      <!--SpringCloud ailibaba nacos -->
24.      <dependency>
25.          <groupId>com.alibaba.cloud </groupId>
26.          <artifactId>spring-cloud-starter-alibaba-nacos-discovery </artifactId>
27.      </dependency>
28.      <!--SpringCloud ailibaba sentinel -->
29.      <dependency>
30.          <groupId>com.alibaba.cloud </groupId>
31.          < artifactId > spring - cloud - starter - alibaba - sentinel </artifactId>
32.      </dependency>
33.
34.      <dependency>
35.          <groupId>com.lxs.demo </groupId>
36.          <artifactId>common </artifactId>
37.          <version> ${project.version}</version>
38.      </dependency>
39.
40.      <dependency>
41.          <groupId>org.springframework.boot </groupId>
42.          <artifactId>spring-boot-starter-web </artifactId>
43.      </dependency>
44.      <dependency>
45.          <groupId>org.springframework.boot </groupId>
46.          <artifactId>spring-boot-starter-actuator </artifactId>
47.      </dependency>
48.      <dependency>
49.          <groupId>org.projectlombok </groupId>
50.          <artifactId>lombok </artifactId>
51.          <optional>true </optional>
52.      </dependency>
53.      <dependency>
54.          <groupId>org.springframework.boot </groupId>
55.          <artifactId>spring-boot-starter-test </artifactId>
56.          <scope>test </scope>
57.      </dependency>
58.    </dependencies>
59. </project>
```

2. 配置文件

配置文件 application. yml 配置的微服务名"order–service"，Nacos 注册中心地址为"localhost:8848"，代码如下。

```
1.   server:
2.     port:84
3.
4.   spring:
5.     application:
6.       name: order-service
7.     cloud:
8.       nacos:
9.         discovery:
10.          server-addr: localhost:8848
```

3. 启动类

按照 Spring Boot 规范创建项目启动类，并添加以下 3 个注解。

● @SpringBootApplication：表示当前类是 Spring Boot 启动器。

● @EnableDiscoveryClient：表示向当前注册中心注册此微服务。

● @EnableFeignClients：扫描和注册 Feign 客户端 Bean 对象。

代码如下。

```
1.   @EnableDiscoveryClient
2.   @SpringBootApplication
3.   @EnableFeignClients
4.   public class OrderApplication
5.   {
6.       public static void main(String[] args) {
7.           SpringApplication.run(OrderApplication.class , args);
8.       }
9.   }
```

4. 配置类

Nacos 底层也是 Ribbon，需要在配置类中创建 RestTemplate，同时使用@LoadBalanced 注解开启负载均衡。创建 ApplicationContextConfig 配置类，在该配置类中产生 RestTemplate 对象，后面通过此对象调用支付微服务。代码如下。

```
1.   @Configuration
2.   public class ApplicationContextConfig {
3.
4.       @Bean
5.       @LoadBalanced
6.       public RestTemplate getRestTemplate(){
7.           return new RestTemplate();
8.       }
9.   }
```

5. FeignClient 类

PaymentFallbackService 类定义了 FeignClient 类服务调用失败后服务降级的类，以及调用失败后的降级逻辑，代码如下。

```
1.  @Component
2.  public class PaymentFallbackService implements PaymentService {
3.
4.      @Override
5.      public ResponseEntity<String> paymentSQL(Long id) {
6.          return new ResponseEntity<String>("feign 调用,异常降级方法",
    HttpStatus.INTERNAL_SERVER_ERROR);
7.      }
8.
9.
10. }
```

6. PaymentService 类

该类定义了 Feign 调用接口，Spring Cloud 产生接口代理对象来调用远程支付微服务 "payment-service"，代码如下。

```
1.  @FeignClient(value = "payment-service", fallback = PaymentFallbackSer-
    vice.class)
2.  public interface PaymentService {
3.
4.      @GetMapping("/paymentSQL/{id}")
5.      public ResponseEntity<String> paymentSQL(@PathVariable("id") Long id);
6.
7.  }
```

7. 订单控制器

OrderController 类通过 Ribbon 和 Feign 两种方式调用支付微服务，代码如下。

```
1.  @RestController
2.  public class OrderController {
3.
4.      public static final String SERVICE_URL = "http://payment-service";
5.
6.      @Autowired
7.      private RestTemplate restTemplate;
8.
9.      @GetMapping("/consumer/ribbon/{id}")
10.     @SentinelResource(value = "ribbon", fallback = "handlerFallback",
    blockHandler = "blockHandler", exceptionsToIgnore = {IllegalArgumentEx-
    ception.class})
```

```
11.     public ResponseEntity<String> consumerRibbon(@PathVariable("id") Long
    id) {
12.         String result = restTemplate.getForObject(SERVICE_URL + "/pay-
    mentSQL/" + id, String.class);
13.         if (4 == id) {
14.             throw new IllegalArgumentException("id=4,抛出非法参数异常");
15.         }else if (id == null) {
16.             throw new NullPointerException("空指针异常,id不存在...");
17.         }
18.         return ResponseEntity.ok("ribbon方式:订单调用支付成功,订单号= " + id
    + ",调用结果=" + result);
19.     }
20.
21.     public ResponseEntity<String> handlerFallback(@PathVariable("id")
    Long id, Throwable e) {
22.         return new ResponseEntity<String>("异常降级方法 e = " + e.getMessage(),
    HttpStatus.INTERNAL_SERVER_ERROR);
23.     }
24.
25.     public ResponseEntity<String> blockHandler(@PathVariable("id") Long
    id, BlockException e) {
26.         return new ResponseEntity<String>("异常降级方法 e = " + e.getMessage(),
    HttpStatus.INTERNAL_SERVER_ERROR);
27.     }
28.
29.     //open fein
30.     @Autowired
31.     private PaymentService paymentService;
32.
33.     @GetMapping("/consumer/feign/{id}")
34.     public ResponseEntity<String> consumerFeign(@PathVariable("id") Long
    id) {
35.         ResponseEntity<String> result = paymentService.paymentSQL(id);
36.         return ResponseEntity.ok("feign方式:订单调用支付成功,订单号= " + id +
    ",调用结果=" + result.getBody());
37.     }
38.
39. }
```

8. 启动测试

分别启动两个支付微服务 payment-application9001 和 payment-application9002,启动订单微服务 Order。

访问 http://localhost:84/consumer/ribbon/2,可以看到 9001 和 9002 端口交替执行,因

为 Nacos 底层也是采用 Ribbon 进行负载均衡处理, 而默认的负载均衡算法是轮询, 当然也可以参考文档设置或扩展负载均衡算法。如图 3-5 所示。

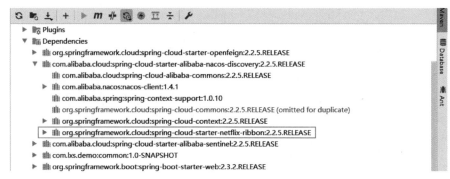

●图 3-5　Nacos 底层采用 Ribbon 进行负载均衡处理

3.4　Nacos 配置中心

　　Nacos 除了作为注册中心使用外, 还可以作为配置中心使用, 功能类似于 Spring Cloud Config, 可以将微服务配置放到 Nacos 中统一管理, 同时配置文件更改后, 能够及时自动更新配置。所以 Nacos 作为配置中心使用时也包含了 Spring Cloud Bus 的功能。

3.4

3.4.1　基本配置

　　本节主要介绍 Nacos 作为配置中心的最基本的方式, 即在 Nacos 配置中管理 config. info 属性, 同时在支付微服务的 Controller 通过 SpEL 获取。

1. 引入依赖

在 pom. xml 中引入 spring-cloud-starter-alibaba-nacos-config 来访问 Nacos 配置中心构件, 代码如下。

```
1.  <!--nacos config-->
2.  <dependency>
3.    <groupId>com.alibaba.cloud</groupId>
4.    <artifactId>spring-cloud-starter-alibaba-nacos-config</artifactId>
5.  </dependency>
```

2. 微服务中配置文件

在 payment 工程 src\main\resources\下创建 bootstrap. yml, 注意: Nacos 配置中心的配置 "spring. cloud. nacos. config…" (如 Nacos 配置中心地址、配置扩展名等), 必须放到 bootstrap. yml 文件中, 不能放到 application. yml 文件中, 更不能放到 Nacos 配置中心中, 保证先读取配置文件再启动, 代码如下。

```
1.  spring:
2.    cloud:
3.      nacos:
4.        config:
5.          server-addr: localhost:8848
6.          file-extension:yaml
```

在 application. yml 配置中增加 "spring. profiles. active＝dev" 配置，代码如下。

```
1.  server:
2.    port: ${port:9001}
3.
4.  spring:
5.    application:
6.      name: payment-service
7.    cloud:
8.      nacos:
9.        discovery:
10.         server-addr: localhost:8848 #配置 Nacos 地址
11.   profiles:
12.     active: dev
```

3. Nacos 中的配置

在配置列表中增加 Data ID "payment-service-dev. yaml"，内容为 "config. info＝config info dev…"，如图 3-6 所示。

●图 3-6　Nacos 配置列表中配置

在 Nacos 中，Data ID 的命名规则为 ${prefix}－${spring. profiles. active}. ${file-extension}。分析 Data ID 的格式如下。

- prefix 默认为 spring. application. name 的值，也可以通过配置项 spring. cloud. nacos. config. prefix 来配置。
- spring. profiles. active 为当前环境对应的 profile，详情可以参考 Spring Boot 文档。注意：当 spring. profiles. active 为空时，对应的连接符 "－" 也将不存在，Data ID 的拼接格式变成 ${prefix}. ${file-extension}。

● file-extension 为配置内容的数据格式,可以通过配置项 spring. cloud. nacos. config. file-extension 来配置。目前只支持 Properties 和 YAML 类型。

支付微服务在 Nacos 配置中心中 Data ID 的命名为"payment-service-dev. yaml",对应关系如图 3-7 所示。

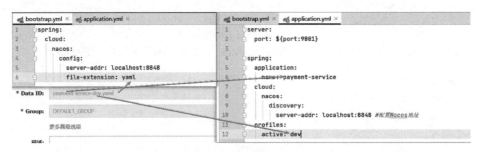

●图 3-7　Data ID 对应关系

4. 业务中读取配置属性

在支付微服务控制器 PaymentController 中读取 Nacos 配置中心配置的"config. info"属性,注意需要添加@RequestScope 注解,同 Spring Cloud Config 一样,Nacos 配置中心的配置更改后能够自动更新到程序中。代码如下。

```
1.  @RestController
2.  @RequestScope
3.  public class PaymentController {
4.
5.      @Value("$ {config.info}")
6.      private String configInfo;
7.
8.      @GetMapping("/config/info")
9.      public String getConfigInfo() {
10.         return configInfo;
11.     }
12. }
```

启动微服务,访问 http://localhost:9001/config/info,结果如图 3-8 所示。

●图 3-8　基本配置测试结果

此时若修改 Nacos 配置中心中的 config. info 的值,会发现程序中读取的 config. info 的结果已经改变,因为 Nacos 自带自动刷新功能。

3.4.2　配置隔离

通常，企业研发的流程是这样的：先在测试环境开发并测试功能，然后进行灰度测试，最后发布到生产环境。并且，为了生产环境的稳定，需要将测试环境和生产环境进行隔离，此时，必然会遇到的问题是多环境（dev、test、prod）问题，即多个环境的数据如何隔离？

Nacos 采用如下方案进行服务的隔离，在 Nacos 中有 Namespace（命名空间），比如可以创建 dev、test、prod 命名空间，Namespace 下又有 Group 级别，Group 下注册具体服务和服务集群，不同隔离级别下的服务不可访问，做到了沙箱隔离的效果。当然配置 Data ID 也可以放到不同的 Namespace 和 Group 下。

下面介绍使用 Namespace 和 Group 隔离 config.info 配置的具体实现。

1. 命名空间

在命名空间列表中创建 dev、test、prod 命名空间，不同的 Namespace，Nacos 会产生随机的且不重复的命名空间 ID，项目中使用该 ID 访问不同的命名空间。如图 3-9 所示。

命名空间名称	命名空间ID	配置数	操作
public(保留空间)		1	详情 删除 编辑
dev	2302921a-c674-4516-bd63-6dfe822e18ad	2	详情 删除 编辑
test	5f1bcd2b-1f3e-4f6f-b0f0-377c8489d513	2	详情 删除 编辑
prod	f521b45b-e0bb-4c4d-b97c-3d0158970001	2	详情 删除 编辑

●图 3-9　dev、test、prod 命名空间

2. 配置 Data ID

在不同命名空间下创建两个配置，一个属于默认组 DEFAULT_GROUP，另一个属于 MY_GROUP，同时对内容进行相应的区分，如图 3-10 所示。

●图 3-10　Group 下的 Data ID

其他命名空间也做上述配置，内容进行相应的修改，接下来根据不同 Namespace 和 Group 读取不同的配置。

3. 配置读取相应的配置

在配置文件 bootstrap.yml，通过命名空间 ID 和 Group 配置指定读取哪一个命名空间和 Group 下的配置。注意：如果不配置 Namespace，则默认为 public；不配置 Group，则默认为

DEFAULT_GROUP, 配置代码如下。

```
1.  spring:
2.    cloud:
3.      nacos:
4.        config:
5.          server-addr: localhost:8848
6.          file-extension:yaml
7.          namespace: f521b45b-e0bb-4c4d-b97c-3d0158970001
8.          group: MY_GROUP
```

此时读取的配置为 Namespace=prod、Group=MY_GROUP, 访问结果如图 3-11 所示。

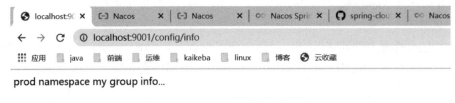

● 图 3-11　配置隔离测试结果

3.4.3　配置拆分和重用

项目中会有很多的微服务, 必然会存在很多具体配置和重复配置, 如图 3-12 所示。

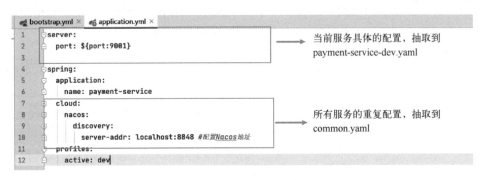

● 图 3-12　配置文件分析

分析上图 application.yml 配置文件中的配置, 微服务注册中心的 spring.cloud.nacos.discovery.server-addr=localhost:8848 等配置就是重复配置, 因为每一个微服务都需要向 Nacos 注册中心进行注册; 而配置中关于端口的配置 server.port=${port:9001} 就是具体的配置, 因为每一个微服务的端口都是不同的。

这时可以把重复的配置 (如注册中心的地址等配置) 抽取到 common.yaml 配置中, 让所有的微服务工程重用此配置 Data ID, 如何引用公共配置会在后续章节中介绍。

可以把具体配置 (如端口等配置) 放到微服务的具体配置文件 payment-service-dev. yaml 中。

　　根据上面的分析，可以在 Nacos 配置中创建 common. yaml 和 payment-service-dev. yaml 两个 Data ID，如图 3-13 所示。

●图 3-13　Nacos 配置

1. payment-service-dev. yaml

payment-service-dev. yaml 配置微服务具体的配置内容，比如当前微服务的端口号等。具体配置如图 3-14 所示。

●图 3-14　payment-service-dev. yaml 配置

2. common. yaml

common. yaml 配置所有微服务工程都共享的重复配置，比如 Nacos 作为注册中心的地址。具体配置如图 3-15 所示。

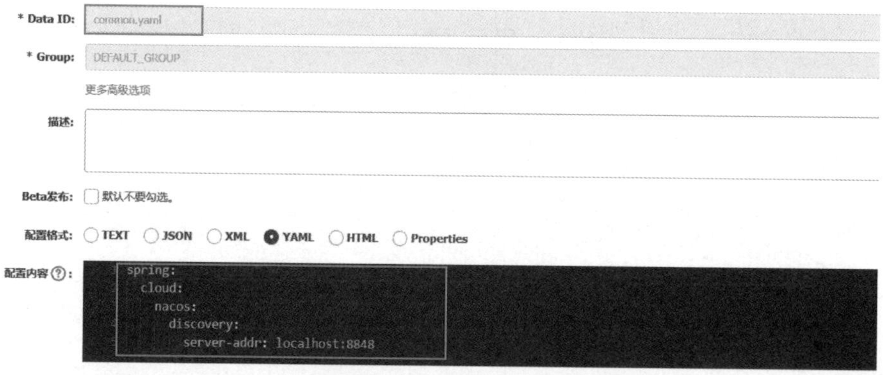

●图 3-15　common. yaml 配置

3. 配置文件

在微服务工程中的 bootstrap. yml 配置文件中，通过 extension-configs 引用公共配置 common. yaml 配置，代码如下。

```
1.  spring:
2.    cloud:
3.      nacos:
4.        config:
5.          server-addr: localhost:8848
6.          file-extension:yaml
7.          extension-configs[0]:
8.            data-id:common.yaml
9.            refresh: true
```

extension-configs 配置属性和 shared-configs 配置属性的功能一致，都是读取配置文件，这里把重复配置放到 common. yaml 中，这样在不同的工程中就可以重复使用，[n] 的值越大，优先级越高。

在 application. yml 配置文件中可以去掉端口配置和注册中心地址配置，因为这部分配置已经被配置到了 Nacos 配置中心，代码如下。

```
1.  spring:
2.    application:
3.      name: payment-service
4.    profiles:
5.      active: dev
```

4. 订单微服务配置

按照上面的方案整合拆分订单微服务的配置文件，如图 3-16 所示。

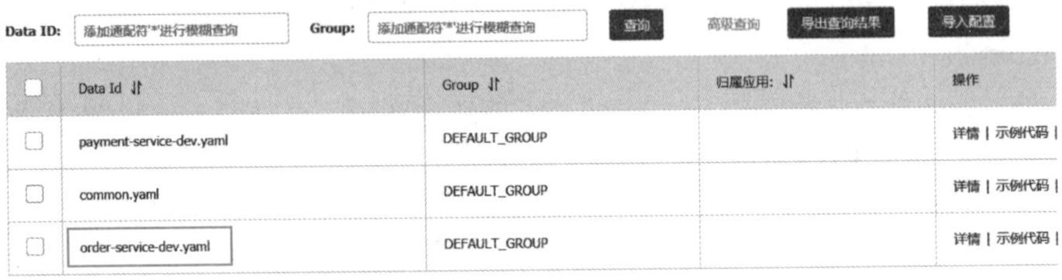

●图 3-16 订单微服务的配置文件

订单微服务工程 application. yml 的代码如下。

```
1.  spring:
2.    application:
3.      name: order-service
4.    profiles:
5.      active: dev
```

订单微服务工程 bootstrap. yml 的代码如下。

```
1.  spring:
2.   cloud:
3.    nacos:
4.     config:
5.       server-addr: localhost:8848
6.       file-extension:yaml
7.       extension-configs[0]:
8.         data-id:common.yaml
9.         refresh: true
```

注意：

这里两个工程都使用重用的配置文件 common. yaml。

启动微服务查看日志，内容如下。

```
1.  Located property source: [BootstrapPropertySource {name = 'bootstrapProper-
    ties-payment-service-dev.yaml,DEFAULT_GROUP '}, BootstrapPropertySource
    {name = 'bootstrapProperties-payment-service.yaml,DEFAULT_GROUP '}, Boot-
    strapPropertySource {name = 'bootstrapProperties-payment-service,DEFAULT_
    GROUP '}, BootstrapPropertySource {name = 'bootstrapProperties-common.yaml,
    DEFAULT_GROUP '}]
```

可以看到程序读取了 payment-service-dev. yaml 和 common. yaml 配置文件。

3.5　Nacos 高可用

Nacos 注册中心不但需要接收服务的心跳，用来检测服务是否可用，而且每个服务会定期会去 Nacos 注册中心申请服务列表的信息。当服务实例很多时，Nacos 注册中心中的负载就会很大，所以必须实现 Nacos 注册中心的高可用，一般的做法是将 Nacos 注册中心集群化。

3.5

Nacos 集群部署架构图如图 3-17 所示。

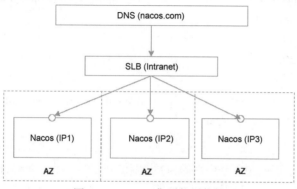

●图 3-17　Nacos 集群部署架构图

此处服务器负载均衡（SLB）中间件可以使用 Nginx 反向代理实现，同时 Nacos 因为要进行高可用多节点部署，所以不能使用默认的单机数据库 Derby，而是所有的 Nacos 节点应该连接相同的 MySQL 数据库，因此我们的 Nacos 高可用架构如图 3-18 所示。

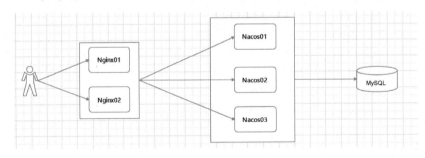

●图 3-18　Nacos 高可用架构

3.5.1　准备工作

接下来按照上述 Nacos 高可用集群架构图，在 Linux 中进行 Nacos 高可用集群部署。首先准备一台 Linux 虚拟机及相应的部署环境，内容如下。
- 准备一台 Linux 虚拟机。
- Linux 虚拟机安装 JDK1.8 及以上版本。
- Linux 虚拟机安装 MySQL。
- Linux 虚拟机安装 Nginx。

3.5.2　安装 Nacos

准备好 Nacos 高可用集群环境后，就可以在 Linux 中准备安装多个 Nacos 节点，连接 MySQL 数据库，在 Nginx 中配置反向代理到 Nacos 的多个节点。接下来按照以下步骤安装部署 Nacos 集群。

1. 准备 3 个 Nacos

准备 3 个 Nacos 节点，配置端口号为 8848、8849、8850，复制 3 个 Nacos，目录分别为 nacos8848、nacos8849、nacos8850，同时分别修改 conf/application.properties 端口号，如下所示。
- server.port=8848。
- server.port=8849。
- server.port=8850。

2. Nacos 持久化配置

在 MySQL 中创建 Nacos 数据库，导入 nacos\conf\nacos-mysql.sql 脚本，修改 conf\application.properties 配置文件，代码如下。

```
1.   #*************** Config Module Related Configurations ***************#
2.   ### If useMySQL as datasource:
3.   spring.datasource.platform=mysql
```

```
4.
5.    ### Count of DB:
6.    db.num=1
7.
8.    ### Connect URL of DB:
9.    db.url.0 = jdbc: mysql:// 127.0.0.1: 3306/ nacos? characterEncoding =
      utf8&connectTimeout = 1000&socketTimeout = 3000&autoReconnect =
      true&useUnicode=true&useSSL=false&serverTimezone=UTC
10.   db.user.0=root
11.   db.password.0=123456
12.
13.   ### Connection pool configuration:hikariCP
14.   db.pool.config.connectionTimeout=30000
15.   db.pool.config.validationTimeout=10000
16.   db.pool.config.maximumPoolSize=20
17.   db.pool.config.minimumIdle=2
```

3. Nacos 集群配置文件

修改 nacos\conf\cluster 文件，内容如下。

```
1.    10.0.2.15:8848
2.    10.0.2.15:8849
3.    10.0.2.15:8850
```

注意：

Nacos 默认使用 eth0，所以此处需要配置 eth0 的网卡 IP 地址，如果要用 eth1 地址，则需要在 application. properties 中进行相应的配置。

4. 启动 3 个 Nacos 节点

```
1.    nohup sh /usr/local/nacos8848/bin/startup.sh &
2.    nohup sh /usr/local/nacos8849/bin/startup.sh &
3.    nohup sh /usr/local/nacos8850/bin/startup.sh &
```

3.5.3　Nginx 反向代理配置

修改 Nginx 配置文件/usr/local/nginx/conf，当访问 1111 端口反向代理 3 个 Nacos 时，配置如下。

```
1.    #gzip on;
2.    upstreamnacos_cluster {
3.        server 127.0.0.1:8848;
4.        server 127.0.0.1:8849;
```

```
5.        server 127.0.0.1:8850;
6.    }
7.    server {
8.        listen      1111;
9.        server_name  localhost;
10.       location /{
11.             proxy_pass http://nacos_cluster;
12.             proxy_set_header Host $host:$server_port;
13.       }
14.    }
```

修改配置文件后重启 Nginx。

```
1.  /usr/local/nginx -s reload
```

3.5.4 测试 Nacos 集群

修改支付和订单微服务配置，使支付和订单微服务在 Nacos 集群中注册，bootstrap. yml
配置如下。

```
1.  spring:
2.   cloud:
3.    nacos:
4.     config:
5.       server-addr:192.168.56.110:1111
6.       file-extension:yaml
7.       extension-configs[0]:
8.        data-id:common.yaml
9.        refresh: true
```

运行订单和支付微服务，发现订单和支付微服务在 Nacos 集群中能够正常注册。若此
时关闭一个 Nacos 节点，其他两个 Nacos 节点可用，则 Nacos 集群依然可用。

第 4 章

Sentinel 流量控制和
熔断降级简介

在高并发访问下，流量会持续不断涌入，使得服务之间的相互调用频率突然增加，引发系统负载过高的问题。这时系统所依赖的服务的稳定性对系统的影响非常大，而且还有很多不确定因素可能会引起雪崩，如网络连接中断、服务死机等。Sentinel 提供了限流、隔离、降级、熔断等手段，可以有效地保护微服务系统。

4.1 微服务容错简介

为了有效地应对高并发流量以及雪崩问题，出现了很多微服务容错策略，常用的有限流、隔离、降级和熔断四种。

4.1.1 限流

限流，即限制最大流量。系统能够提供的最大并发有限，同时来的请求又太多（比如商城秒杀业务），瞬时涌入大量请求，而服务器服务不过来，则只好排队限流了，其原理和景点排队买票以及去银行办理业务排队等号的原理相同。下面介绍四种常见的限流算法。

1. 漏桶算法

漏桶算法的思路是：一个固定容量的漏桶按照固定速率流出水滴。如果桶是空的，则不需要流出水滴。水滴可以以任意速率流入漏桶。如果流入的水滴超出了桶的容量，则流入的水滴会溢出（被丢弃），而漏桶容量是不变的。漏桶限流的原理如图 4-1 所示。

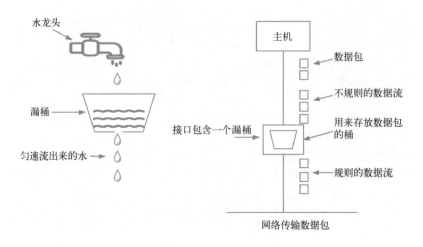

● 图 4-1　漏桶限流的原理

2. 令牌桶算法

令牌桶算法：假设限制速率为 2 r/s，则每 500 ms 向桶中添加一个令牌。桶中最多存放 b 个令牌，当桶满时，新添加的令牌会被丢弃或拒绝。当一个 n 个字节大小的数据包到达时，将从桶中删除 n 个令牌，接着数据包被发送到网络上。如果桶中的令牌不足 n 个，则不会删除令牌，且该数据包将被限流（要么丢弃，要么在缓冲区等待）。令牌桶限流的原理如图 4-2 所示。

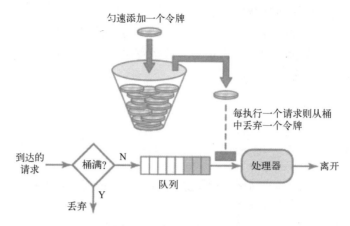

●图 4-2　令牌桶限流的原理

令牌桶限流服务器端可以根据实际服务性能和时间段改变生成令牌的速度和水桶的容量。一旦需要提高速率，则按需提高放入桶中的令牌的速率。

生成令牌的速度是恒定的，而请求拿令牌是没有速度限制的。这意味着当面对瞬时大流量，该算法可以在短时间内请求拿到大量的令牌，而且拿令牌的过程不会产生很大消耗。

3. 固定时间窗口算法

由于这种计数器限流方式是在一个时间间隔内进行限制，如果用户在上个时间间隔结束前请求（但没有超过限制），同时在当前时间间隔刚开始时请求（同样没超过限制），在各自的时间间隔内，这些请求都是正常的。但是在间隔临界的一段时间内的请求可能会超过系统限制，从而导致系统被压垮。固定时间窗口算法的原理如图 4-3 所示。

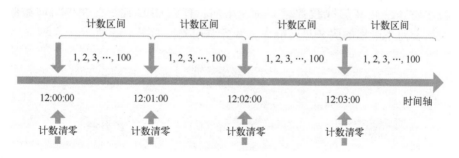

●图 4-3　固定时间窗口算法的原理

由于计数器算法存在时间临界点缺陷，因此在时间临界点前后的极短时间段内容易遭到攻击。例如，设定每分钟最多可以请求某个接口 100 次，若 12:00:00~12:00:59 时间段内没有数据请求，而 12:00:59~12:01:00 时间段内突然有 100 次请求，随后跨入下一个计数周期，计数器清零，在 12:01:00~12:01:01 内又有 100 次请求。即在时间临界点前后的请求次数为阈值的两倍，从而造成后台处理请求过载的情况，导致系统运营能力不足，甚至会导致系统崩溃。

4. 滑动时间窗口算法

滑动时间窗口算法是对固定时间片进行划分，并且随着时间移动。其移动方式为开始时间点变为时间列表中的第二时间点，结束时间点增加一个时间点，不断重复这个过程，通过这种方式可以巧妙地避免计数器的临界点问题。

滑动时间窗口算法可以有效地规避计数器算法中时间临界点的问题，但是仍然存在时间片段的概念。同时，滑动时间窗口算法的计数运算也比固定时间窗口算法更耗时。滑动时间窗口算法如图4-4所示。

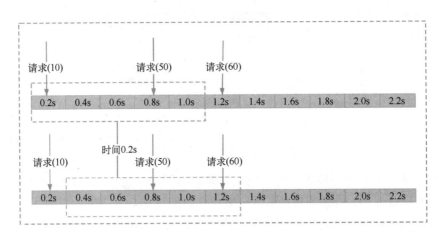

●图4-4　滑动时间窗口算法

4.1.2　隔离

若微服务系统 A 调用 B，而 B 调用 C，这时如果 C 出现故障，则此时调用 B 的大量线程资源会发生阻塞，且 B 的线程数量会持续增加，直到 CPU 耗尽，使得整体微服务不可用，这时就需要对不可用的服务进行隔离。服务调用关系如图4-5所示。

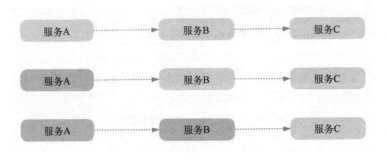

●图4-5　服务调用关系

1. 线程池隔离

线程池隔离就是通过 Java 的线程池进行隔离，服务 B 调用服务 C 给予固定数量的线程（比如 12 个线程），如果此时服务 C 死机了，就算有大量的请求过来，调用服务 C 的接口也只会占用 12 个线程，而不会占用其他的线程资源，因此服务 B 就不会出现级联故障。线程池隔离的原理如图4-6所示。

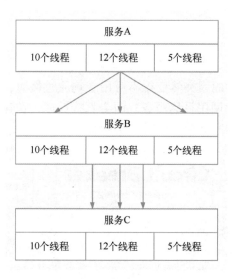

●图 4-6　线程池隔离的原理

2. 信号量隔离

信号量隔离是使用 Semaphore 实现的，当拿不到信号量时直接拒接，因此不会出现超时占用其他线程的情况，代码如下。

```
1.   Semaphore semaphore = new Semaphore(10, true);
2.   //获取信号量
3.   semaphore.acquire();
4.   //do something here
5.   //释放信号量
6.   semaphore.release();
```

3. 线程池隔离和信号量隔离的区别

线程池隔离针对不同的资源分别创建不同的线程池，不同服务调用都发生在不同的线程池中，在线程池排队、超时等阻塞情况发生时可以快速失败。线程池隔离的好处是隔离度比较高，可以针对某个资源的线程池进行处理而不影响其他资源，但是代价是线程上下文切换的开销比较大，特别是对低延时的调用有比较大的影响。而信号量隔离非常轻量级，仅限制对某个资源调用的并发数，而不是显式地去创建线程池，所以开销比较小，但是效果不错，也支持超时失败。二者的区别见表 4-1 所示。

表 4-1　线程池隔离和信号量隔离的区别

类　　别	线程池隔离	信号量隔离
线程	与调用线程不同，使用的是线程池创建的线程	与调用线程相同
开销	排队、切换、调度等开销	无线程切换，性能更高
是否支持异步	支持	不支持
是否支持超时	支持超时	支持超时
并发支持	支持通过线程池大小控制	支持通过最大信号量控制

4.1.3 熔断

当下游的服务因为某种原因突然变得不可用或响应过慢时，上游服务为了保证自己整体服务的可用性，不再继续调用目标服务，而会直接返回，快速释放资源。如果目标服务的情况好转则恢复调用。熔断器模型如图4-7所示。

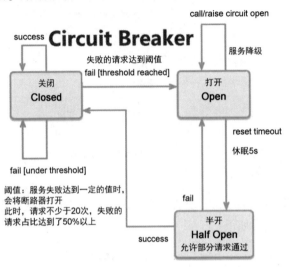

●图4-7　熔断器模型

熔断器模型的状态机有3个状态。

- Closed：关闭状态（断路器关闭），所有请求都可以正常访问。
- Open：打开状态（断路器打开），所有请求都会被降级。熔断器会对请求情况进行计数，若一定时间内失败请求的百分比达到阈值，则触发熔断，断路器会完全打开。
- Half Open：半开状态，不是永久的，断路器打开后会进入休眠时间，随后断路器会自动进入半开状态。此时会允许部分请求通过，若这些请求都是健康的，则会关闭断路器；否则继续保持打开，再次进行休眠计时。

4.1.4 降级

降级是指在高并发、高负载的情况下，系统将某些不重要的业务或接口的功能降低，可以只提供部分功能，也可以完全停止所有不重要的功能。比如，下线非核心服务以保证核心服务的稳定，或者降低实时性、降低数据一致性，降级的思想是丢车保帅。

比如，目前很多人想要下订单，但是服务器除了处理下订单业务之外，还有其他的服务在运行，比如，搜索、定时任务、支付、商品详情、日志等服务。然而这些不重要的服务占用了JVM（Java虚拟机）大量的内存和CPU资源，为了应对很多人要下订单的需求，可以设计一个动态开关，直接在最外层拒绝这些不重要的服务。这样就有更多的资源来处理下订单服务（下订单速度更快了）。

4.2

4.2　Sentinel 简介

前面分析了在高并发访问下，为了应对网络连接变慢、资源突然繁忙、暂时不可用、服务脱机等引起的雪崩问题，常用的微服务容错（如隔离、降级、熔断、限流等）策略。而 Sentinel 就是 Spring Cloud Alibaba 提供的实现了上述容错策略的一个基础组件。

4.2.1　Sentinel 基本概念

首先介绍 Sentinel 作为 Spring Cloud Alibaba 的一个微服务容错产品的一些基本概念。

1. 资源

资源是 Sentinel 的关键概念。它可以是 Java 应用程序中的任何内容，例如，由应用程序提供的服务，或由应用程序调用的其他应用提供的服务，甚至可以是一段代码。

只要通过 Sentinel API 定义的代码就是资源，能够被 Sentinel 保护起来。大部分情况下，可以使用方法签名、URL，甚至服务名称作为资源名来标示资源。

2. 规则

围绕资源的实时状态设定的规则，可以包括流量控制规则、熔断降级规则以及系统保护规则。所有的规则都可以动态实时调整。

4.2.2　Sentinel 主要功能

Sentinel 作为保护微服务的中间件产品，它具有的主要功能如下。

1. 流量控制

流量控制在网络传输中是一个常用的概念，它用于调整网络包发送的数据。然而，从系统稳定性的角度考虑，在处理请求的速度上也有非常多的讲究。任意时间到来的请求往往是随机且不可控的，而系统的处理能力是有限的，需要根据系统的处理能力对流量进行控制。Sentinel 作为一个调配器，可以根据需要把随机的请求调整成合适的形状，如图4-8所示。

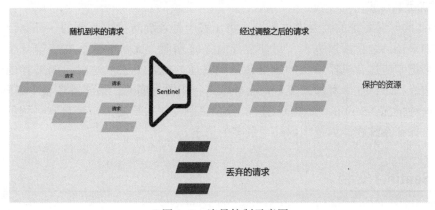

●图 4-8　流量控制示意图

Sentinel 流量控制有以下几个角度。

- 资源的调用关系，如资源的调用链路、资源和资源之间的关系。
- 运行指标，如 QPS（每秒请求数量）、线程池、系统负载等。
- 控制的效果，如直接限流、冷启动、排队等。

Sentinel 的设计理念是自由选择控制的角度，并进行灵活组合，从而达到想要的效果。

2. 熔断降级

除了流量控制以外，降低调用链路中的不稳定资源也是 Sentinel 的使命之一。由于调用关系的复杂性，如果调用链路中的某个资源不稳定，则会导致请求发生堆积。这个问题和 Hystrix 描述的问题是一样的。

Sentinel 和 Hystrix 的原则是一致的：当调用链路中的某个资源出现不稳定时（例如，表现为 timeout、异常比例升高），则对这个资源的调用进行限制，并让请求快速失败，避免影响到其他的资源，最终产生雪崩的后果。

3. 熔断降级设计理念

在限制的手段上，Sentinel 和 Hystrix 采取了完全不一样的方法。Hystrix 默认通过线程池的方式对依赖（对应概念中的资源）进行隔离。这样做的优点是资源和资源之间做到了最彻底的隔离；缺点是除了增加了线程切换的成本，还需要预先对各个资源做线程池大小的分配。

针对这个问题，Sentinel 采取了以下两种手段。

（1）通过并发线程数进行限制

和资源池隔离的方法不同，Sentinel 通过限制资源并发线程的数量来减少不稳定资源对其他资源的影响，类似于信号量隔离。这样不但没有线程切换的损耗，也不需要预先分配线程池的大小。当某个资源出现不稳定的情况时（如响应时间变长），对资源的直接影响是会造成线程数的逐步堆积。当线程数在特定资源上堆积到一定的数量之后，对该资源的新请求就会被拒绝。在完成任务后堆积的线程才开始继续接收请求。

（2）通过响应时间对资源进行降级

除了对并发线程数进行控制以外，Sentinel 还可以通过响应时间来对不稳定的资源进行快速降级。当依赖的资源出现响应时间过长的情况时，所有对该资源的访问都会被直接拒绝，直到过了指定的时间窗口后才重新恢复。

4. 系统负载保护

Sentinel 同时对系统的维度提供保护。防止雪崩是系统防护中重要的一环。当系统负载较高时，如果还持续让请求进入，可能会导致系统崩溃，无法响应。在集群环境下，网络负载均衡会把本应这台机器承载的流量转发到其他的机器上去。这时，如果其他的机器也处在一个边缘状态，这个增加的流量就会导致这台机器也崩溃，最终导致整个集群不可用。

针对这种情况，Sentinel 提供了对应的保护机制，让系统的入口流量和系统的负载达到一个平衡，保证系统在能力范围内处理最多的请求。

4.2.3　Sentinel 安装

Sentinel 的安装步骤如下。

- 从官网下载解压即可，官网地址 https://github.com/alibaba/Sentinel/releases/download/1.8.1/sentinel-dashboard-1.8.1.jar。
- 执行命令 nohup java -jar sentinel-dashboard-1.8.1.jar 启动 Sentinel。
- 启动后访问地址 http://localhost:8080，用户名和密码都是"sentinel"，即可看到 Sentinel 的管控台。

4.3　Sentinel 最佳实践

在第 3 章介绍的订单支付微服务案例中，使用 Sentinel 对微服务系统进行隔离、限流、熔断降级等处理，步骤如下。

4.3.1

4.3.1　依赖和配置

在支付微服务中增加 Sentinel 的构件依赖。
- spring-cloud-starter-alibaba-sentinel：Sentinel 组件。
- sentinel-datasource-nacos：规则持久化组件。

1. 引入依赖

pom.xml 配置文件如下。

```
1.  <?xml version="1.0" encoding="UTF-8"?>
2.  <project xmlns="http://maven.apache.org/POM/4.0.0"
3.         xmlns:xsi="http://www.w3.org/2001/XMLSchema-instance"
4.         xsi:schemaLocation="http://maven.apache.org/POM/4.0.0
    http://maven.apache.org/xsd/maven-4.0.0.xsd">
5.      <parent>
6.          <artifactId>cloud-alibaba-demo</artifactId>
7.          <groupId>com.lxs.demo</groupId>
8.          <version>1.0-SNAPSHOT</version>
9.      </parent>
10.     <modelVersion>4.0.0</modelVersion>
11.
12.     <artifactId>order</artifactId>
13.
14.     <dependencies>
15.
16.         <!--sentinel-->
17.         <dependency>
18.             <groupId>com.alibaba.cloud</groupId>
```

```
19.          <artifactId>spring-cloud-starter-alibaba-sentinel </artifactId>
20.      </dependency>
21.
22.
23.      <!--nacos config-->
24.      <dependency>
25.          <groupId>com.alibaba.cloud </groupId>
26.          <artifactId>spring-cloud-starter-alibaba-nacos-config </arti-
    factId>
27.      </dependency>
28.
29.      <!--nacos-->
30.      <dependency>
31.          <groupId>com.alibaba.cloud </groupId>
32.          <artifactId>spring-cloud-starter-alibaba-nacos-discovery </
    artifactId>
33.      </dependency>
34.      <!--open feign-->
35.      <dependency>
36.          <groupId>org.springframework.cloud </groupId>
37.          <artifactId>spring-cloud-starter-openfeign </artifactId>
38.      </dependency>
39.
40.      <dependency>
41.          <groupId>com.lxs.demo </groupId>
42.          <artifactId>common </artifactId>
43.          <version> $ {project.version}</version>
44.      </dependency>
45.      <!-- SpringBoot 整合 Web 组件 -->
46.      <dependency>
47.          <groupId>org.springframework.boot </groupId>
48.          <artifactId>spring-boot-starter-web </artifactId>
49.      </dependency>
50.      <dependency>
51.          <groupId>org.springframework.boot </groupId>
52.          <artifactId>spring-boot-starter-actuator </artifactId>
53.      </dependency>
54.      <dependency>
55.          <groupId>org.projectlombok </groupId>
56.          <artifactId>lombok </artifactId>
57.          <optional>true </optional>
58.      </dependency>
```

```
59.        <dependency>
60.            <groupId>org.springframework.boot </groupId>
61.            <artifactId>spring-boot-starter-test </artifactId>
62.            <scope>test </scope>
63.        </dependency>
64.
65.    </dependencies>
66.
67.
68. </project>
```

2. 配置文件

- spring. cloud. sentinel. transport. port：8719，这个端口配置会在应用对应的机器上启动一个 HTTP Server，该 Server 会与 Sentinel 控制台做交互。比如，Sentinel 控制台添加了 1 个限流规则，会把规则数据 push 给这个 HTTP Server 接收，HTTP Server 再将规则注册到 Sentinel 中。默认 8719 端口，假如该端口被占用会自动从 8719 端口开始依次+1 扫描，直至找到未被占用的端口。
- spring. cloud. sentinel. transport. dashboard：8080，这个是 Sentinel DashBoard 的地址。

具体配置文件代码如下。

```
1.  spring:
2.   cloud:
3.    nacos:
4.     discovery:
5.       server-addr: localhost:8848
6.      sentinel:
7.       transport:
8.        dashboard: localhost:8080
9.        port: 8719
```

4. 3. 2   流量控制

流量控制（Flow Control），其原理是监控应用流量的 QPS（每秒请求数量）或并发线程数等指标，当达到指定的阈值时对流量进行控制，以避免应用被瞬时的流量高峰冲垮，从而保障应用的高可用性。

一条限流规则主要由以下几个因素组成，可以组合这些元素来实现不同的限流效果。

- resource：资源名，即限流规则的作用对象。
- count：限流阈值。
- grade：限流阈值类型（QPS 或并发线程数）。
- limitApp：流量控制针对的调用来源，若为 default 则不区分调用来源。
- strategy：调用关系限流策略。

- controlBehavior：流量控制效果（直接拒绝、Warm Up、排队等待）。

流量控制主要有两种统计类型，一种是统计并发线程数，另一种是统计 QPS。类型由 FlowRule 的 grade 字段来定义。其中，0 代表根据并发数量来限流，1 代表根据 QPS 来进行流量控制。其中，线程数、QPS 值都是由 StatisticSlot 实时统计获取的。

可以通过下面的命令查看实时统计信息。

```
curl http://localhost:8719/cnode?id=resourceName
```

输出内容格式如下。

```
1.  idx id     thread  pass  blocked   success  total Rt  1m-pass   1m-block
    1m-all   exception
2.  2  abc647   0      46     0         46       46   1   2763      0
    2763     0
```

其中的参数介绍如下。

- thread：当前处理该资源的并发数。
- pass：1 s 内到来的请求。
- blocked：1 s 内被流量控制的请求数量。
- success：1 s 内成功处理完的请求。
- total：1 s 内到来的请求以及被阻止的请求总和。
- Rt：1 s 内该资源的平均响应时间。
- 1m-pass：1 min 内到来的请求。
- 1m-block：1 min 内被阻止的请求。
- 1m-all：1 min 内到来的请求和被阻止的请求的总和。
- exception：1 s 内业务本身异常的总和。

4.3.3　阈值类型

当 QPS 或者线程数超过某个阈值时，则采取措施进行流量控制。流量控制的效果包括直接拒绝、Warm Up、排队等待，新增流控规则如图 4-9 所示。

上图中的配置参数解释如下。

- 资源名：唯一名称，默认请求路径。
- 针对来源：Sentinel 可以针对调用者进行限流、填写微服务名，默认为 default（不区分来源）。
- QPS（每秒请求数量）：当调用该 API 的 QPS 达到阈值时，进行限流。
- 线程数，当调用该 API 的线程数达到阈值时，进行限流。
- 直接：API 达到限流条件时，直接限流。
- 关联：当关联的资源达到阈值时，限流自己。
- 链路，只记录链路上的流量（指定资源从入口资源进来的流量），如果达到阈值，就进行限流。
- 快速失败：直接失败，抛出异常。

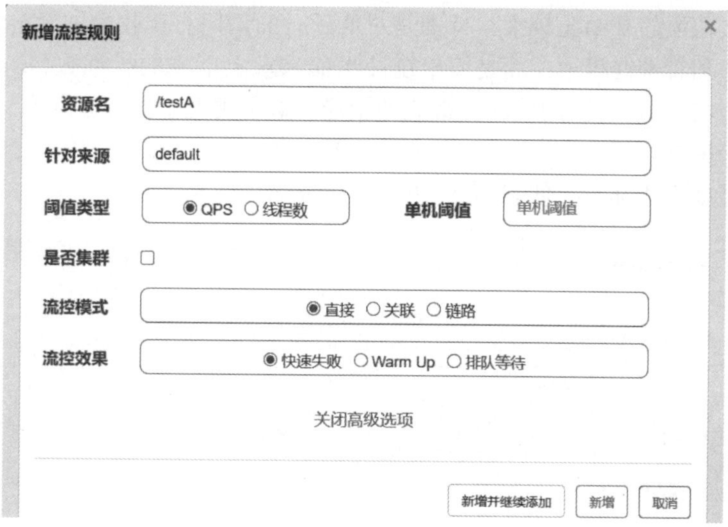

●图 4-9 新增流控规则

- Warm Up：根据 CodeFactor（冷加载因子，默认为 3）的值，经过预热时长，从阈值/codeFactor 达到设置的 QPS 阈值。
- 排队等待：匀速排队，让请求匀速通过，阈值类型必须设置为 QPS，否则无效。

1. QPS 限流

此时如果配置阈值类型为 QPS 流控规则，单机阈值为 1，如图 4-10 所示。表示每秒钟超过 1 次 API 请求，则抛出 Blocked by Sentinel（flow limiting）异常。

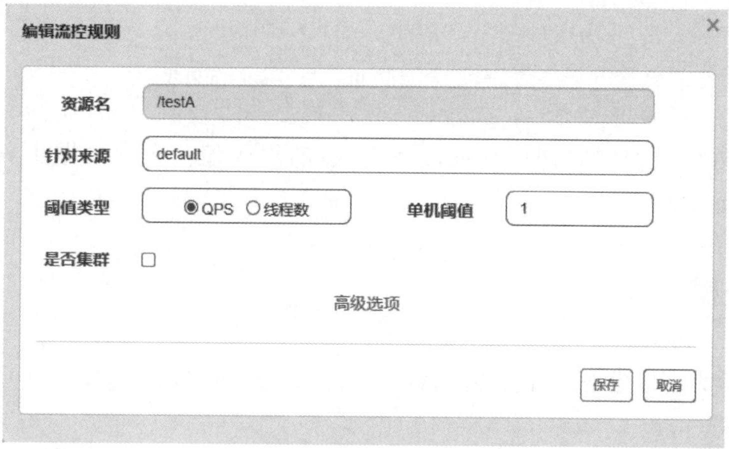

●图 4-10 阈值类型为 QPS

2. 并发线程数控制

并发线程数控制用于保护业务线程池不被慢调用耗尽。例如，当应用所依赖的下游应用由于某种原因导致服务不稳定、响应延迟增加，对于调用者来说，这意味着吞吐量下降和更多的线程数被占用，极端情况下甚至会导致线程池耗尽。为应对太多线程被占用的情况，业内有使用隔离的方案。比如，通过不同业务逻辑使用不同线程池来隔离业务自身之间的资源争抢（线程池隔离）。这种隔离方案虽然隔离性比较好，但是代价为线程数目太多，线程上下文切换的开销比较大，特别是对低延时的调用有比较大的影响。Sentinel 并发控制不负责创建和管理线程池，而是简单统计当前请求上下文的线程数目（正在执行的调用数目），如果超出阈值，新的请求会被立即拒绝，效果类似于信号量隔离。并发数控制通常在调用端进行配置。

编辑阈值类型为线程数，如图4-11 所示。

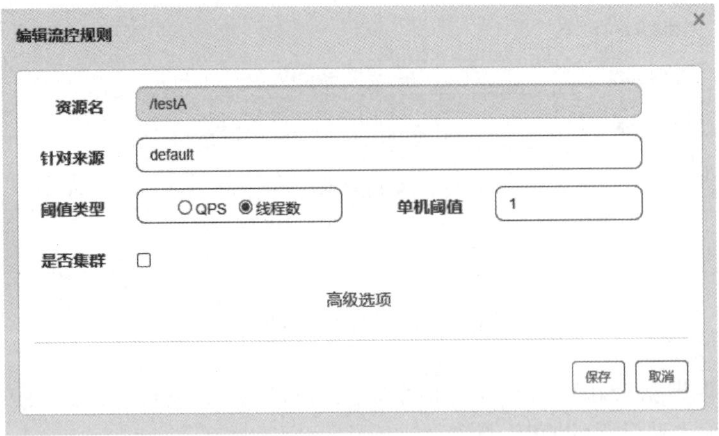

●图4-11　阈值类型为线程数

同时，代码中设置/testA 服务，线程阻塞2 s，代码如下。

```
1.   @GetMapping("/testA")
2.   public String testA() throws InterruptedException {
3.       TimeUnit.MILLISECONDS.sleep(2000);
4.       return "------testA";
5.   }
```

这时如果两个线程同时访问/testA，线程数超出阈值，会直接抛出异常 Blocked by Sentinel（flow limiting）。

4.3.4　流控模式

流控模式分为直接拒绝、关联和链路3 种模式，分别介绍如下。

1. 直接拒绝

直接拒绝（RuleConstant. CONTROL_BEHAVIOR_DEFAULT）方式是默认的流量控制方式，当 QPS 超过任意规则的阈值后，新的请求就会被立即拒绝，拒绝方式为抛出 FlowException。这种方式适用于已知系统处理能力的情况，如通过压测确定了系统的准确水位时，如图 4-12 所示。

限流表现是当超过阈值就会被降级，抛出异常 Blocked by Sentinel（flow limiting）异常。

2. 关联

当关联的资源达到阈值，就限流自己。比如，订单调用支付，当支付微服务达到阈值，则不是限流支付微服务，而是限流订单微服务，以限制下单业务的进行。

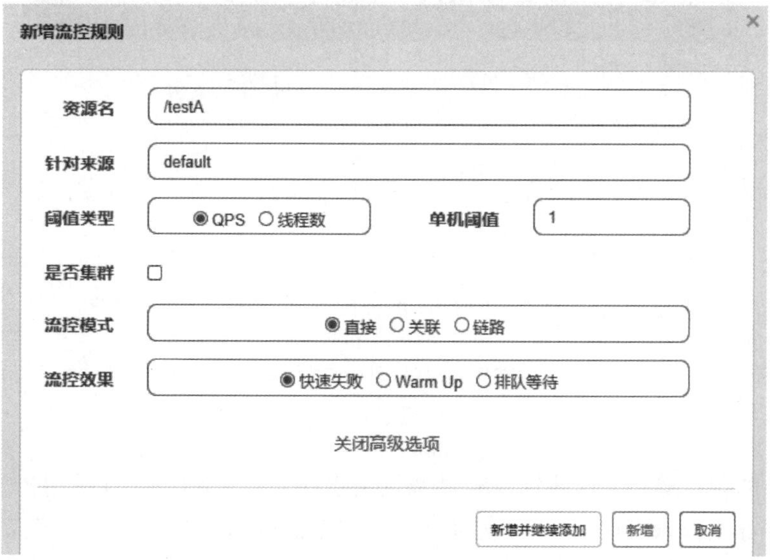

●图 4-12　流控模式直接拒绝

下面案例是当与 testA 关联的 testB 达到阈值时，就限流 testA 配置，如图 4-13 所示。

●图 4-13　流控模式关联

使用 Postman 请求/testB，效果为当/testB 达到访问阈值时/testA 降级，Postman 配置如图 4-14 所示。

此时流控表现为当 Postman 访问/testB 时，testB 达到了流控阈值，则浏览器中访问 testA 会被限流，访问时抛出异常 Blocked by Sentinel（flow limiting）。

●图 4-14　Postman 请求

3. 链路

资源之间的调用链路，这些资源通过调用关系相互之间构成一棵调用树。这棵树的根节点是一个名字为 machine-root 的虚拟节点，调用链的入口都是这个虚拟节点的子节点。一棵典型的调用树如图 4-15 所示。

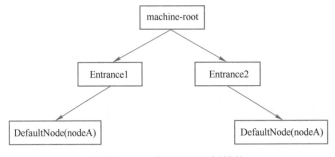

●图 4-15　典型的调用树结构

图 4-15 中，来自入口 Entrance1 和 Entrance2 的请求都调用了资源 NodeA，Sentinel 允许只根据某个入口的统计信息对资源限流。比如，可以设置 strategy 为 RuleConstant. STRATEGY_CHAIN，同时设置 refResource 为 Entrance1 来表示只有从入口 Entrance1 到来的调用才会被记录到 NodeA 的限流统计当中，而不关心经 Entrance2 到来的调用。

4.3.5　流控效果

流控效果分为快速失败、Warm Up 和匀速排队，其中，快速失败比较简单，下面对另外两种进行解析。

1. Warm Up

Warm Up（RuleConstant. CONTROL_BEHAVIOR_WARM_UP）方式，即预热/冷启动方式。若系统长期处于低水位的情况下，当流量突然增加时，会直接把系统拉升到高水位，可能瞬间把系统压垮。通过"冷启动"，可以让通过的流量缓慢增加，在一定时间内逐渐增加到阈值上限，给冷系统一个预热的时间，避免冷系统被压垮。如图 4-16 所示。

配置预热/冷启动方式，如图 4-17 所示。当前配置的流控效果是开始阈值默认为 3，经

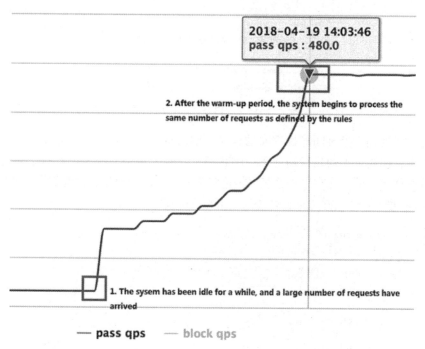

●图 4-16　冷启动的过程中系统允许通过的 QPS 曲线

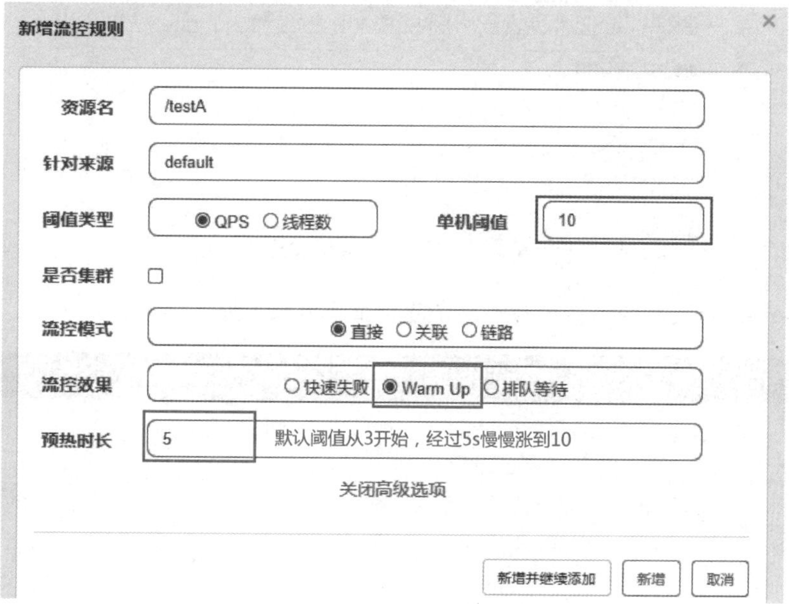

●图 4-17　流控效果 Warm Up

过预热时长 5 s 后，QPS 阈值慢慢涨到 10。

2. 匀速排队

匀速排队（RuleConstant. CONTROL_BEHAVIOR_RATE_LIMITER）方式会严格控制请求通过的间隔时间，即让请求以均匀的速度通过，对应的是漏桶算法。

该方式的作用效果如图 4-18 所示。

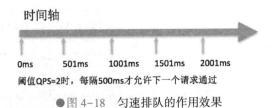

阈值QPS=2时，每隔500ms才允许下一个请求通过

●图 4-18　匀速排队的作用效果

　　这种方式主要用于处理间隔性突发的流量，如消息队列。在一个场景中，若某一秒有大量的请求到来，而接下来的几秒则处于空闲状态，此时，希望系统能够在接下来的空闲期间逐渐处理这些请求，而不是在第一秒直接拒绝多余的请求。匀速排队设置如图 4-19 所示。

　　注意：匀速排队模式暂时不支持 QPS>1000 的场景。

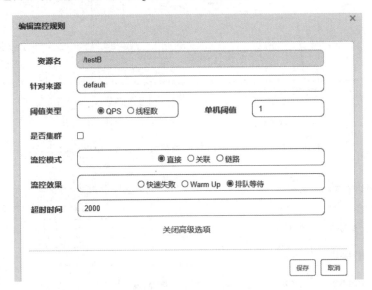

●图 4-19　排队等待设置

　　使用 Postman 测试发现每秒执行一次请求，如图 4-20 所示。

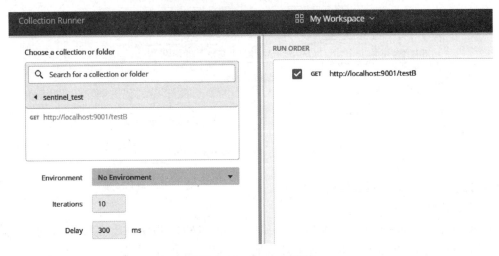

●图 4-20　Postman 测试

4.3.6 熔断降级

4.3.6

除了流量控制以外，对调用链路中不稳定的资源进行熔断降级也是保障高可用的重要措施之一。一个服务常会调用别的模块，该模块可以是另外的一个远程服务、数据库或者第三方 API 等。例如，在支付时可能需要远程调用银联提供的 API；查询某个商品的价格时可能需要进行数据库查询。然而，这个被依赖服务的稳定性是不能保证的。如果依赖的服务出现了不稳定的情况，请求的响应时间变长，那么调用服务的方法的响应时间也会变长，线程会产生堆积，最终可能耗尽业务自身的线程池，服务本身也变得不可用。服务调用关系如图 4-21 所示。

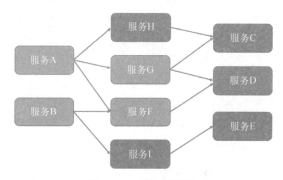

●图 4-21 服务调用关系

微服务架构都是分布式的，由非常多的服务组成。不同服务之间相互调用，从而组成复杂的调用链路。以上问题在链路调用中会产生放大的效果。若复杂链路上的某一环不稳定，就可能会层层级联，最终导致整个链路都不可用。因此需要对不稳定的弱依赖服务调用进行熔断降级，暂时切断不稳定调用，避免局部不稳定因素导致整体的雪崩。熔断降级作为保护自身的手段，通常在客户端（调用端）进行配置。

Sentinel 提供的熔断策略和服务降级配置如下。

（1）慢调用比例

慢调用比例（SLOW_REQUEST_RATIO）选择慢调用比例作为阈值，需要设置允许的慢调用 RT（最大的响应时间），请求的响应时间大于该值则统计为慢调用。当单位统计时长（statIntervalMs）内请求数目大于设置的最小请求数目，并且慢调用的比例大于阈值时，则在接下来的熔断时长内的请求会自动被熔断。经过熔断时长后熔断器会进入探测恢复状态（Half-Open 状态），若接下来的一个请求的响应时间小于设置的慢调用 RT 则结束熔断，若大于设置的慢调用 RT 则会再次被熔断。具体配置如图 4-22 所示。

/testD 代码如下。

```
1.  @GetMapping("/testD")
2.  public StringtestD(){
3.      try {
4.          TimeUnit.SECONDS.sleep(1);
5.      } catch (InterruptedException e) {
```

```
6.          e.printStackTrace();
7.     }
8.     log.info(Thread.currentThread().getName() + "\t" + "*****testD*****");
9.     return "****testD****";
10. }
```

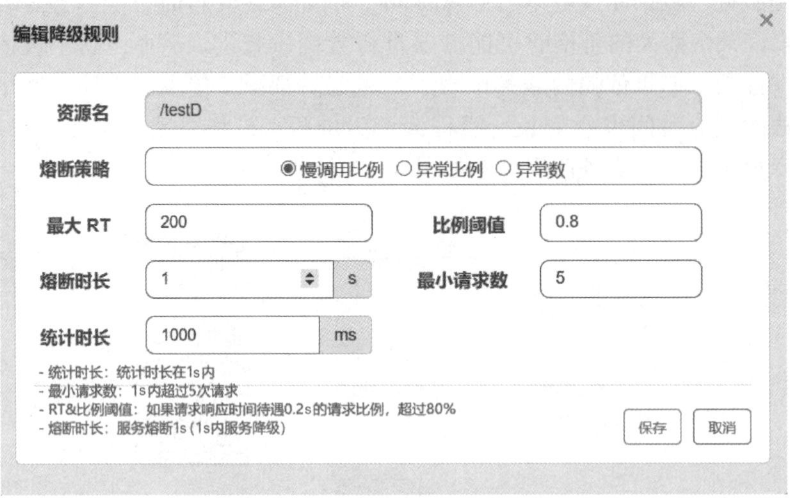

●图4-22　慢调用比例配置

使用JMeter启动并发请求如图4-23所示。

●图4-23　慢调用比例使用JMeter启用并发请求

此时，若JMeter并发请求访问符合慢调用比例条件，则/testD服务降级，抛出异常Blocked by Sentinel（flow limiting），关闭JMeter，1 s后熔断器会进入探测恢复状态（Half-Open状态），若接下来的一个请求响应时间小于设置的慢调用RT则结束熔断，若大于设置的慢调用RT则会再次被熔断。

（2）异常比例

异常比例（ERROR_RATIO）：当单位统计时长（statIntervalMs）内请求数目大于设置的最小请求数目，并且异常的比例大于阈值时，则在接下来的熔断时长内的请求会自动被熔断。经过熔断时长后熔断器会进入探测恢复状态（Half-Open状态），若接下来的一个请求成功完成（没有错误）则结束熔断，否则会再次被熔断。异常比率的阈值范围是［0.0,

1.0]，即0~100%。异常比例配置如图4-24所示。

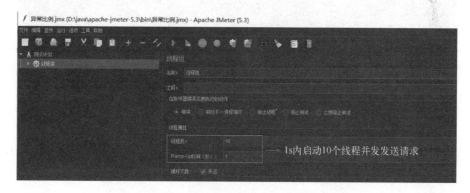

图中表单内容：

资源名	/testD
熔断策略	○ 慢调用比例　● 异常比例　○ 异常数
比例阈值	0.8
熔断时长	3　s　　最小请求数　5
统计时长	1000　ms

- 统计时长：1s内
- 最小请求：1s内超过5次请求
- 比例阈值：发生异常的请求比例超过80%
- 熔断时长：服务降级，熔断3s

保存　取消

●图4-24　异常比例降级规则

/testD中抛出1作为除数异常，代码如下。

```
1.   @GetMapping("/testD")
2.   public StringtestD() {
3.
4.       inti = 1 /0;
5.       log.info(Thread.currentThread().getName() + "\t" + "*****testD*****");
6.       return "****testD****";
7.   }
```

使用JMeter启动并发请求如图4-25所示。

异常比例.jmx (D:\java\apache-jmeter-5.3\bin\异常比例.jmx) - Apache JMeter (5.3)

线程组

名称：线程组

注释：

在取样器错误后要执行的动作

● 继续　○ 启动下一进程循环　○ 停止线程　○ 停止测试　○ 立即停止测试

线程属性

线程数：　10

Ramp-Up时间（秒）：　1　　——— 1s内启动10个线程并发发送请求

循环次数　　✓永远

●图4-25　异常比例使用JMeter启动并发请求

此时，若JMeter并发请求访问符合异常比例条件，浏览器中访问/testD服务降级，抛出异常Blocked by Sentinel（flow limiting），关闭JMeter，3 s后熔断器会进入探测恢复状态（Half-Open状态），若接下来的一个请求没有错误，则恢复正常，否则会再次被熔断。

（3）异常数

异常数（ERROR_COUNT）是指当单位统计时长内的异常数目超过阈值之后会自动进行

熔断。经过熔断时长后熔断器会进入探测恢复状态（Half-Open 状态），若接下来的一个请求成功完成（没有错误）则结束熔断，否则会再次被熔断。异常数配置如图 4-26 所示。

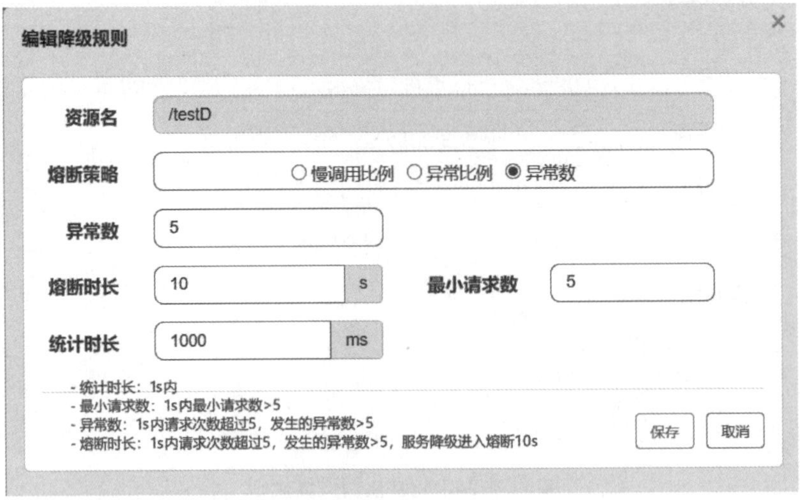

●图 4-26　异常数降级规则

使用 JMeter 启动并发请求如图 4-27 所示。

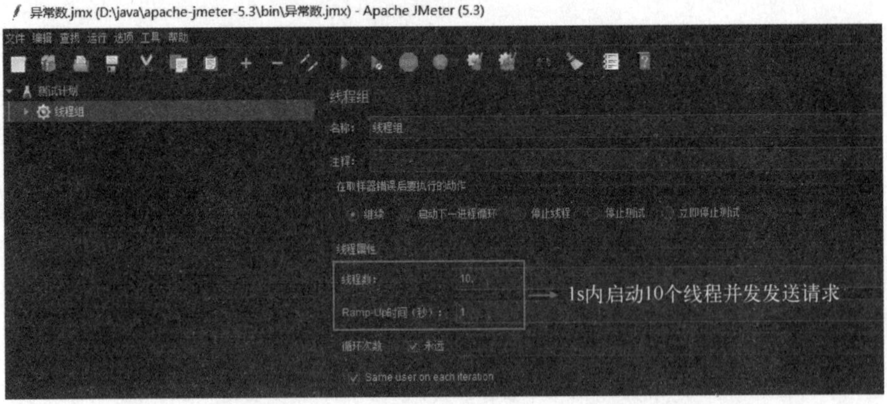

●图 4-27　异常数使用 JMeter 启用并发请求

此时，若 JMeter 并发请求访问符合异常数服务降级条件，浏览器中访问/testD 服务降级，抛出异常 Blocked by Sentinel（flow limiting），关闭 JMeter，10 s 后熔断器会进入探测恢复状态（Half-Open 状态），若接下来的一个请求没有错误，则恢复正常，否则会再次被熔断。

4. 3. 7　热点参数限流

4. 3. 7

热点即经常访问的数据。很多时候希望统计某个热点数据中访问频次最高几个数据，并对其访问进行限制，比如以下两点。

● 商品 ID 为参数，统计一段时间内最常购买的商品 ID 并进行限制。

● 用户 ID 为参数，针对一段时间内频繁访问的用户 ID 进行限制。

热点参数限流会统计传入参数中的热点参数，并根据配置的限流阈值与模式，对包含热点参数的资源调用进行限流。热点参数限流可以看作是一种特殊的流量控制，仅对包含热点参数的资源调用生效，如图 4-28 所示。

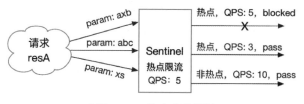

● 图 4-28 热点参数限流

Sentinel 利用 LRU 策略统计最近最常访问的热点参数，结合令牌桶算法进行参数级别的流控。热点参数限流案例具体代码如下。

```
1.  @GetMapping("/testHotKey")
2.  @SentinelResource(value = "testHotKey", blockHandler = "dealTestHotKey")
3.  public String testHotKey(@RequestParam(value = "p1", required = false)
    String p1,
4.  @RequestParam(value = "p1", required = false)  String p2) {
5.      int i = 1/0;
6.      log.info(Thread.currentThread().getName() + "\t" + "*****testHotKey***
    **");
7.      return "****testHotKey****";
8.  }
9.
10. public String  dealTestHotKey (String  p1,  String  p2, BlockException
    exception) {
11.     return "****dealTestHotKey(...)****";
12. }
```

热点参数限流需要使用@SentinelResource 注解，@SentinelResource 的功能与@Hystrix-Command 类似，直接使用访问路径作为热点参数限流的资源名设置无效，必须使用@SentinelResource 定义热点参数限流的资源名。

在 Sentinel 控制台，热点参数限流配置如图 4-29 所示。

如图所示，上面的配置参数 p1 表示限流，参数 p2 表示不限流。

热点参数限流还可以添加参数例外项，配置如图 4-30 所示。

如上图所示，热点参数 p1=5 时，限流阈值=200；而 p1 为其他值时，阈值则默认为 1。

这时访问 http://localhost:9001/testHotKey？p1=5，可以看到阈值为 200，此时不借助工具无法达到相应的阈值；而访问 http://localhost:9001/testHostKey？p1=3，可以看到 QPS 阈值为 1，很容易抛出限流异常。

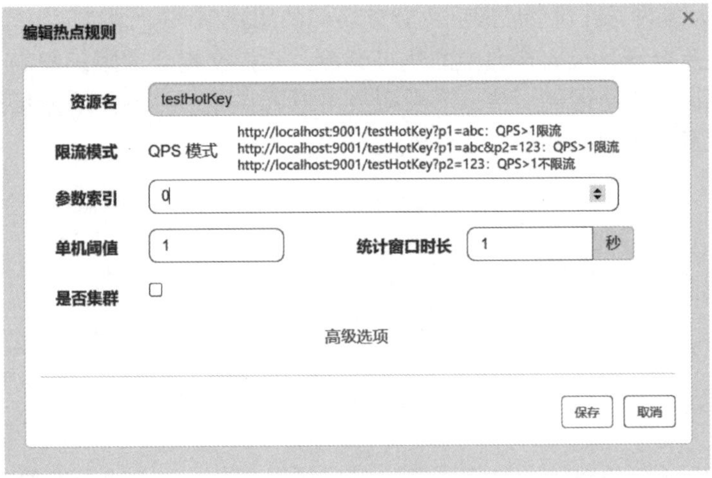

●图 4-29　热点规则配置

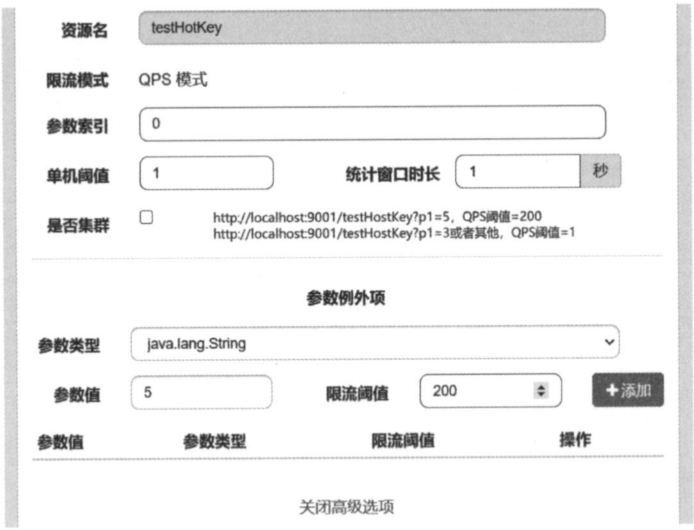

●图 4-30　参数例外项配置

4.3.8　Sentinel 规则持久化

目前的 Sentinel 重启后数据都会丢失，而流控和降级规则可以被持久化到 Nacos 的数据库中，具体配置步骤如下。

1. 增加 Nacos 持久化依赖包

在 pom.xml 中增加 Sentinel 持久化到 Nacos 的构件依赖，代码如下。

```
1.  <dependency>
2.      <groupId>com.alibaba.csp</groupId>
3.      <artifactId>sentinel-datasource-nacos</artifactId>
4.  </dependency>
```

2. 在 YAML 中配置持久化的 Nacos 参数

在 Nacos 配置 order-service-dev. yaml 中增加如下配置。

```
1.   spring:
2.     cloud:
3.       sentinel:
4.         datasource:
5.           ds1:
6.             nacos:
7.               server-addr: localhost:8848
8.               dataId: ${spring.application.name}
9.               group: DEFAULT_GROUP
10.              data-type:json
11.              rule-type: flow
```

3. Nacos 中的 JSON 配置

Nacos 上创建一个 DataID，名字和 YAML 配置的一致，即 order-service. json，格式为 JSON 格式，内容如下。

```
1.   [
2.     {
3.         "resource": "/testA",
4.         "limitApp": "default",
5.         "grade": 1,
6.         "count": 1,
7.         "strategy": 0,
8.         "controlBehavior": 0,
9.         "clusterMode": false
10.    }
11.  ]
```

4. 持久化测试

重启应用，发现已经存在关于 /testA 请求路径的流控规则。在 Sentinel 启动时会去 Nacos 上读取相关规则的配置信息。实际上流控规则已经持久化，它会从 Nacos 中读取，重启应用后流控规则也是有效的。

第 5 章
分布式事务和 Seata

　　分布式事务是微服务架构中不可避免的问题，比如，电商项目下单业务中，要先调用库存微服务扣减库存，然后调用订单微服务下单，在订单微服务中又通过 Feign 调用用户微服务来增加用户积分，最终才能完成一个下单业务。而在不同微服务中可能需要操作不同的数据库，如何保证这种业务的事务一致性，是本章讨论的问题。

5.1　分布式事务简介

5.1

　　分布式事务是指在微服务架构下保证事务的特性，包括原子性、一致性、隔离性和持久性。

5.1.1　事务介绍

　　数据库事务，简称事务（Transaction），是数据库执行过程中的一个逻辑单位，由一个有限的数据库操作序列构成。如转账业务：一方扣款，一方增加金额。

　　事务的四个特性如下。

- 原子性（Atomicity）：事务作为一个整体被执行，包含在其中的对数据库的操作要么全部被执行，要么都不执行。
- 一致性（Consistency）：指的是操作前后总数据保持不变。
- 隔离性（Isolation）：多个事务并发执行时，一个事务的执行不应影响其他事务的执行，如张三取钱不会影响李四取钱。
- 持久性（Durability）：已被提交的事务对数据库的修改应该永久保存在数据库中，在事务结束时，此操作将不可逆转。

5.1.2　分布式事务介绍

　　在分布式系统中进行的事务就是分布式事务。在分布式系统中，也要保证事务的四个特性。分布式事务有下面几种模式。

- 单一服务分布式事务。
- 多服务分布式事务。
- 多服务多数据源分布式事务（微服务中的典型模型）。

1. 单一服务分布式事务

　　单一服务的分布式事务是指在单体架构下，一个服务操作不涉及服务间的相互调用，但是这个服务会涉及多个数据库资源的访问。单一服务分布式事务模型如图 5-1 所示。

2. 多服务分布式事务

　　单一服务分布式事务架构虽然涉及多个不同的数据库资源，但是整个事务还是控制在单一服务的内部实现。如果一个服务业务逻辑需要调用另外一个服务，比如，下单服务需要调用库存服务扣减库存，这时事务就需要涉及多个服务了。在这种情况下，起始于某个

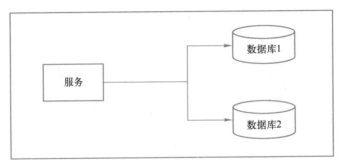

●图 5-1 单一服务分布式事务模型

服务的事务在调用另一个服务时需要以一定的机制流转到另外一个服务，从而使被调用的服务访问的数据库资源也能被纳入该事务的管理中。这种架构就成为多服务分布式事务，如图 5-2 所示。

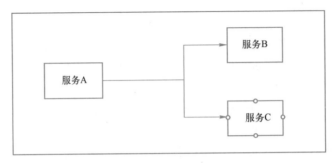

●图 5-2 多服务分布式事务

3. 多服务多数据源分布式事务

如果将以上两种场景结合，使得服务可以调用多个数据库资源，而一个服务又可以调用其他服务，从而完成一个业务操作。

比如，下单业务需要调用库存微服务扣减库存，库存微服务需要操作商品库，下单业务又需要调用用户微服务，实现增加用户积分操作，用户微服务又调用用户库，这样一个下单业务就需要调用多个微服务，访问多个数据库。

多个微服务可以操作不同的数据库，整个分布式事务的参与者将会组成一个树形的拓扑结构，要实现的分布式事务就是这种结构。在一个跨服务的分布式事务中，事务的发起者和提交者均是同一个，他可以是整个调用的客户端，也可以是客户端最先调用的那个服务。多服务多数据源分布式事务模型如图 5-3 所示。

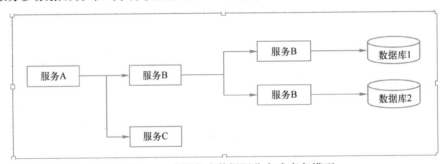

●图 5-3 多服务多数据源分布式事务模型

较之基于单一数据库资源访问的本地事务，分布式事务的应用架构更为复杂。在不同的分布式应用架构下，实现一个分布式事务要考虑的问题并不完全一样（如对多资源的协调、事务的跨服务传播等），实现机制也复杂多变。分布式事务的应用架构如图 5-4 所示。

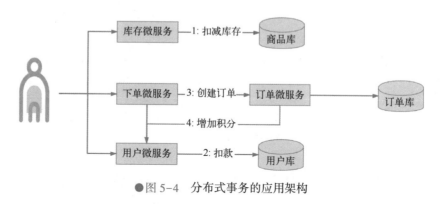

●图 5-4　分布式事务的应用架构

5.2　分布式事务解决方案

在分布式系统中，实现分布式事务的解决方案有 2PC、TCC、本地消息表和 MQ 事务消息。

5.2

5.2.1　两阶段提交（2PC）

2PC 即两阶段提交协议，将整个事务流程分为准备阶段（Prepare Phase）和提交阶段（Commit Phase）。部分关系数据库（如 Oracle、MySQL）都支持两阶段提交协议。

- 准备阶段（Prepare Phase）：事务管理器给每个参与者发送 Prepare 消息，每个数据库参与者在本地执行事务，并写本地的 Undo/Redo 日志，此时事务没有提交。Undo 日志是记录修改前的数据，用于数据库回滚；Redo 日志是记录修改后的数据，用于提交事务后写入数据文件。
- 提交阶段（Commit Phase）：如果事务管理器收到了参与者的执行失败或者超时消息，直接给每个参与者发送回滚（Rollback）消息；否则，发送提交（Commit）消息。参与者根据事务管理器的指令执行提交或者回滚操作，并释放事务处理过程中使用的锁资源。注意：必须在最后阶段释放锁资源。

两阶段提交的分布式事务又分为以下两种情况。

1. 所有参与者均反馈 yes

当所有参与者均反馈 yes 时提交事务，步骤如图 5-5 所示。

- 协调者向所有参与者发出正式提交事务的请求（即 Commit 请求）。

- 参与者执行 Commit 请求，并释放整个事务处理期间占用的资源。
- 各参与者向协调者反馈 ack（应答）完成的消息。
- 协调者收到所有参与者反馈的 ack 消息后，即完成事务提交。

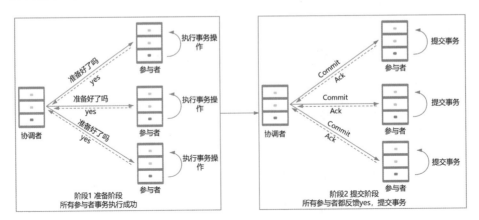

●图 5-5　两阶段事务正常提交

2. 一个参与者反馈 no

当阶段 1 的一个参与者反馈 no 时中断事务，步骤如图 5-6 所示。

- 协调者向所有参与者发出回滚请求（即 Rollback 请求）。
- 参与者使用阶段 1 中的 undo 信息执行回滚操作，并释放整个事务处理期间占用的资源。
- 各参与者向协调者反馈 ack 完成的消息。
- 协调者收到所有参与者反馈的 ack 消息后，即完成事务中断。

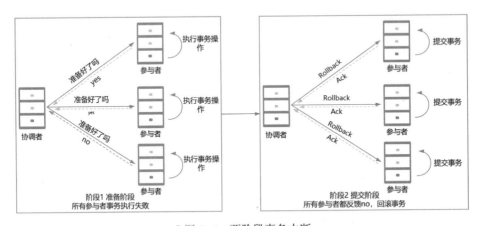

●图 5-6　两阶段事务中断

2PC 方案总结如下。

- 性能问题：所有参与者在事务提交阶段处于同步阻塞状态，会占用系统资源，容易导致性能瓶颈。
- 可靠性问题：如果协调者存在单点故障问题，即协调者若出现故障，参与者将一直处于锁定状态。

- 数据一致性问题：在阶段 2 中，如果发生局部网络问题，一部分事务参与者收到了提交消息，而另一部分事务参与者没有收到提交消息，则会导致节点之间数据的不一致。

5.2.2 补偿事务（TCC）

TCC 就是采用的补偿机制，其核心思想是针对每个操作，都要编写一个与其对应的确认和补偿（撤销）操作逻辑。它分为三个阶段。

- Try 阶段：主要是对业务系统做检测及资源预留。
- Confirm 阶段：主要是对业务系统做确认提交，Try 阶段执行成功并开始执行 Confirm 阶段时，默认 Confirm 阶段是不会出错的。即只要 Try 成功，Confirm 一定成功。
- Cancel 阶段：主要是在业务执行错误、需要回滚的状态下执行的业务取消、预留资源释放。

例如，假设张三要向李四转账，思路大概如下（在一个本地方法中依次调用）。

- 在 Try 阶段，要先调用远程接口把张三和李四的钱给冻结起来。
- 在 Confirm 阶段，执行远程调用的转账操作，转账成功进行解冻。
- 如果第 2 步执行成功，那么转账成功；如果第二步执行失败，则调用远程冻结接口对应的解冻方法（Cancel）。

总结来讲，TCC 事务有如下优点。

- 性能提升，具体业务来实现控制资源锁的粒度变小，不会锁定整个资源。
- 跟 2PC 比起来，实现和流程相对简单。
- 可靠性，解决了 XA 协议的协调者单点故障问题，由主业务方发起并控制整个业务活动，业务活动管理器也变成多点，引入了集群。

但是，TCC 的缺点也比较明显，在第 2、3 步中都有可能失败。TCC 属于应用层的一种补偿方式，所以需要程序员在实现的时候多写很多补偿的代码，在一些场景中，一些业务流程可能用 TCC 不太好定义及处理。

5.2.3 本地消息表

本地消息表的方案最初由 eBay 提出，核心思路是将分布式事务拆分成本地事务进行处理，如图 5-7 所示。

消息生产方需要额外创建一个消息表，并记录消息发送状态。消息表和业务数据要在一个事务里提交，也就是说它们要存储在一个数据库中。然后消息会经过 MQ 发送到消息消费方。如果消息发送失败，会重试发送。

消息消费方需要处理这个消息，并完成自己的业务逻辑。此时如果本地事务处理成功，表明已经处理成功了；如果处理失败，那么就会重试执行。如果业务方法多次执行失败，则可以给生产方发送一个业务补偿消息，通知生产方进行回滚等操作。

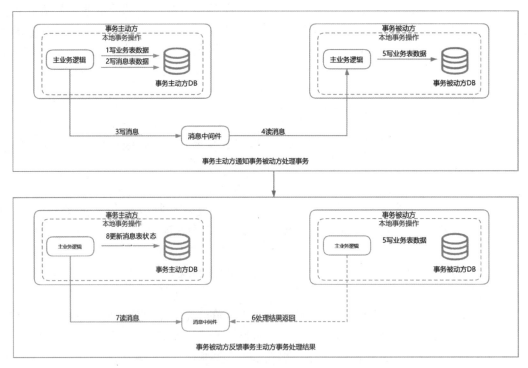

●图 5-7　本地消息表方案

生产方和消费方定时扫描本地消息表，把还没处理完成的消息或者失败的消息再发送一遍。

这种方案遵循 BASE 理论，采用的是最终一致性，编者认为这种方案比较适合实际的业务场景，即不会出现像 2PC 那样复杂的实现（当调用链很长的时候，2PC 的可用性是非常低的），也不会像 TCC 那样可能出现不能确认或回滚的情况。

本地消息表的优点是这种方案是一种非常经典的实现，避免了分布式事务，实现了最终一致性。

本地消息表的缺点是与具体的业务场景绑定，耦合性强，消息数据与业务数据在同一数据库，占用业务系统资源。业务系统在使用关系型数据库的情况下，消息服务性能会受到关系型数据库并发性能的局限。

5.2.4　MQ 事务消息

RocketMQ 支持事务消息的方式类似于采用的两阶段提交。

业务方法内要向消息队列提交两次请求，一次发送消息和一次确认消息。如果确认消息发送失败了，RocketMQ 会定期扫描消息集群中的事务消息，这时候发现了 Prepared 消息，它会向消息发送者确认，所以生产方需要实现一个 check 接口，RocketMQ 会根据发送端设置的策略来决定是回滚还是继续发送确认消息。这样就保证了消息发送与本地事务同时成功或同时失败。

RocketMQ 的事务消息分为两个流程，一是正常事务消息的发送及提交；二是事务消息的补偿流程。

1. 正常事务消息的发送及提交

正常情况下，事务消息发送方向 MQ Server 进行二次确认，步骤如下，如图 5-8 所示。

- 步骤 1：发送方向 MQ 服务端（MQ Server）发送半消息。
- 步骤 2：MQ Server 将消息持久化成功之后，向发送方 ack 确认消息已经发送成功。
- 步骤 3：发送方开始执行本地事务逻辑。
- 步骤 4：发送方根据本地事务执行结果向 MQ Server 提交二次确认（Commit 或 Rollback）。
- 步骤 5：MQ Server 收到 Commit 状态则将半消息标记为可投递，订阅方最终将收到该消息；MQ Server 收到 Rollback 状态则删除半消息，订阅方将不会接受该消息。

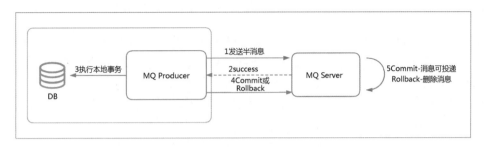

●图 5-8　正常情况——事务主动方发消息

2. 事务消息的补偿流程

图 5-9 中步骤 4 提交的二次确认超时未能到达 MQ Server，此时 MQ Server 发起消息回查，处理步骤如下。

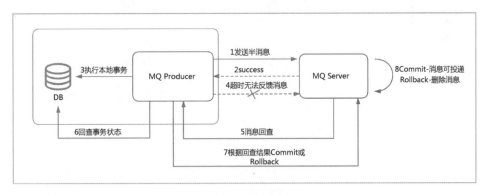

●图 5-9　异常情况

- 步骤 5'：MQ Server 对该消息发起消息回查。
- 步骤 6'：发送方收到消息回查后，需要检查对应消息的本地事务执行的最终结果。
- 步骤 7'：发送方根据检查得到的本地事务的最终状态再次提交二次确认。
- 步骤 8'：MQ Server 基于 Commit 或 Rollback 对消息进行投递或者删除。

MQ 事务消息的优点是实现了最终一致性，不需要依赖本地数据库事务。

MQ 事务消息的缺点是实现难度大，主流 MQ 不支持，比如 RabbitMQ 和 Kafka 不支持事务消息。

5.3 Seata 的四种模式

5.3

Seata 是一款开源的分布式事务解决方案，致力于提供高性能和简单易用的分布式事务服务。Seata 为用户提供了 AT、TCC、Saga 和 XA 事务模式，为用户打造了一站式的分布式解决方案。

5.3.1 AT 模式

Seata 的一大特色是 AT 对业务代码完全无侵入性，使用非常简单，改造成本低。用户只需要关注自己的业务 SQL，Seata 会通过分析用户的业务 SQL 反向生成回滚数据。AT 模式分为两个阶段，如图 5-10 所示。

- 一阶段，所有参与事务的分支，本地事务 Commit 业务数据并写入回滚日志（Undo Log）。
- 二阶段，事务协调者根据所有分支的情况，决定本次全局事务是 Commit 还是 Rollback。

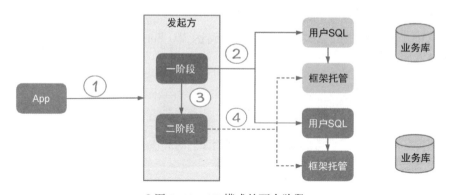

●图 5-10　AT 模式的两个阶段

第一阶段 Seata 的 JDBC 数据源代理通过对业务 SQL 的解析，把业务数据更新前后的数据镜像组织成回滚日志，利用本地事务的 ACID 特性，将业务数据的更新和回滚日志的写入在同一个本地事务中提交。这样可以保证任何提交的业务数据的更新一定有相应的回滚日志存在，AT 模式第一阶段如图 5-11 所示。

基于这样的机制，分支事务便可以在全局事务的第一阶段提交，并马上释放本地事务锁定的资源。

这也是 Seata 和 XA 事务的不同之处，两阶段提交对资源的锁定需要持续到第二阶段实际的提交或者回滚操作，而有了回滚日志之后，可以在第一阶段释放对资源的锁定，降低

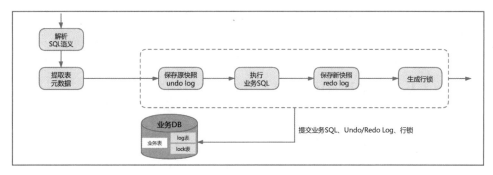

●图 5-11　AT 模式第一阶段

了锁范围,提高了效率。即使第二阶段发生异常需要回滚,也只需找对 Undo Log 中对应数据并反解析成 SQL 来达到回滚目的。

同时,Seata 通过代理数据源将业务 SQL 的执行解析成 Undo Log 来与业务数据的更新同时入库,达到了对业务无侵入的效果。

第二阶段如果决议是全局提交的,此时分支事务已经完成提交,不需要同步协调处理(只需要异步清理回滚日志),可以非常快速地完成。

如果决议是全局回滚,资源管理器收到协调器发来的回滚请求,通过 全局事务 ID 和分支事务 ID 找到相应的回滚日志记录,然后通过回滚记录生成反向的更新 SQL 并执行,以完成分支的回滚。

AT 模式的一阶段、二阶段的提交和回滚均由 Seata 框架自动生成,用户只需编写"业务 SQL"便能轻松接入分布式事务,AT 模式是一种对业务无任何侵入的分布式事务解决方案。

5.3.2　XA 模式

XA 模式是 Seata 另一种无侵入的分布式事务解决方案,它在 Seata 定义的分布式事务框架内,利用事务资源(数据库、消息服务等)对 XA 协议的支持,以 XA 协议的机制来管理分支事务,XA 要求数据库本身提供对规范和协议的支持。

从编程模型上,XA 模式与 AT 模式保持完全一致,只需要修改数据源代理,即可实现 XA 模式与 AT 模式之间的切换,代码如下。

```
1.  @Bean("dataSource")
2.  public DataSource dataSource(DruidDataSource druidDataSource) {
3.      //DataSourceProxy for AT mode
4.      //return newDataSourceProxy(druidDataSource);
5.
6.      //DataSourceProxyXA for XA mode
7.      return new DataSourceProxyXA(druidDataSource);
8.  }
```

5.3.3 TCC 模式

Seata 中的 TCC 模式同样包含三个阶段，如图 5-12 所示。

- Try 阶段：所有参与分布式事务的分支，对业务资源进行检查和预留。
- Confirm 阶段：所有分支的 Try 全部成功后，执行业务提交。
- Cancel 阶段：取消 Try 阶段预留的业务资源。

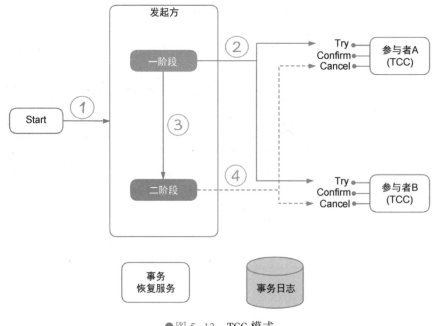

●图 5-12　TCC 模式

与 AT 或 XA 模式相比，TCC 模式需要用户自己抽象并实现 Try、Confirm 和 Cancel 三个接口，编码量会大一些。但是由于事务的每一个阶段都由开发人员自行实现，而且相较于 AT 模式来说，减少了 SQL 解析的过程，也没有全局锁的限制，所以 TCC 模式的性能优于 AT 、XA 模式，但是会带来工作量的增加。

5.3.4 Sage 模式

Sage 是长事务解决方案，每个参与者需要实现事务的正向操作和补偿操作。当参与者的正向操作执行失败时，在回滚本地事务的同时会调用上一阶段的补偿操作，在业务失败时最终会使事务回到初始状态，如图 5-13 所示。

Sage 与 TCC 类似，同样没有全局锁。由于缺少锁定资源这一步，在某些适合的场景，Sage 要比 TCC 实现起来更简单。

Sage 模式是长事务解决方案，适用于业务流程长且需要保证事务最终一致性的业务系统，Sage 模式一阶段就会提交本地事务且无锁，在长流程情况下可以保证性能，多用于渠

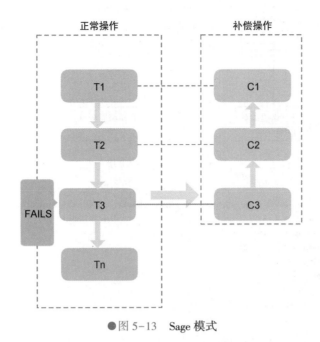

●图5-13 Sage 模式

道层、集成层业务系统。事务参与者可能是其他公司的服务或者是遗留系统的服务，无法进行改造或提供 TCC 要求的接口，也可以使用 Sage 模式。

5.4 Seata 最佳实践

5.4

用户执行下单操作时往往会涉及多个微服务调用和多个数据库访问，下面介绍在订单业务中具体实现 Seata 的 AT 模式的分布式事务。

5.4.1 需求介绍

一个下单业务需要调用库存微服务扣减库存，也需要调用用户微服务扣除会员余额，具体步骤分析如图 5-14 所示。

- 用户请求下单业务微服务（Business），请求下单。
- Business 通过 Open Feign 调用库存微服务（Storage），扣减库存。
- Business 通过 Open Feign 调用订单微服务（Order），创建订单。
- 订单微服务（Order）通过 Open Feign 调用用户微服务（Account），执行扣款操作。

订单业务事务管理项目目录结构如图 5-15 所示。

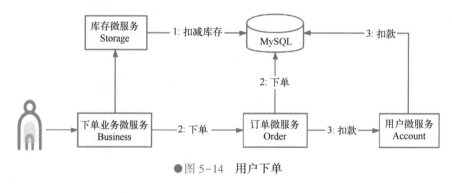

●图 5-14 用户下单

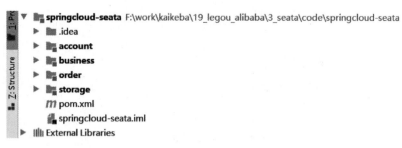

●图 5-15 订单业务事务管理项目目录结构

5.4.2 数据库介绍

案例中用到的数据库分析如图 5-16 所示。

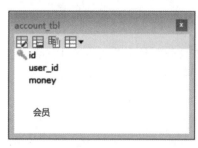

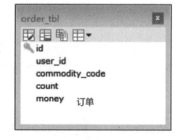

●图 5-16 事务管理表结构

下单业务设计有4个表，内容如下。

- account_tbl：下单后，由订单微服务调用用户微服务，执行扣款操作，扣减 account_tbl 表中的会员余额。
- storage_tbl：下单后，由 Business 微服务调用 Storage 微服务，扣减 storage_tbl 表中库存。
- order_tbl：Business 微服务调用订单微服务，创建订单。
- undo_log：Seata 处理分布式事务过程中存储日志的表。

5.4.3 Seata Server

Seata Server 是 Seata 中的事务协调器，从官网下载 seata-server 1.4 解压安装。该项目有两个主要的配置文件 file.conf 和 registry.conf，文件位置如图 5-17 所示。

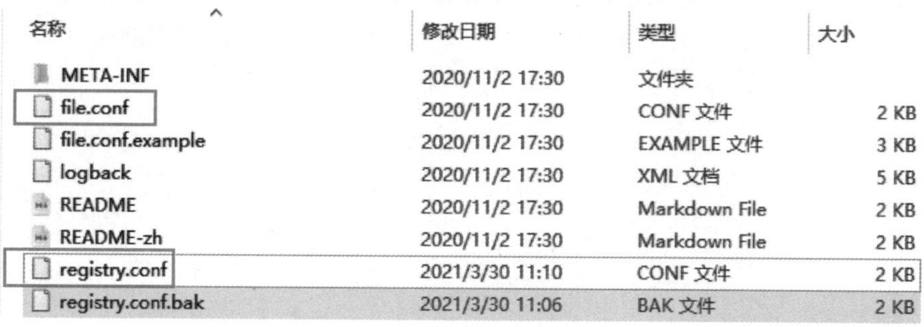

名称	修改日期	类型	大小
META-INF	2020/11/2 17:30	文件夹	
file.conf	2020/11/2 17:30	CONF 文件	2 KB
file.conf.example	2020/11/2 17:30	EXAMPLE 文件	3 KB
logback	2020/11/2 17:30	XML 文档	5 KB
README	2020/11/2 17:30	Markdown File	2 KB
README-zh	2020/11/2 17:30	Markdown File	2 KB
registry.conf	2021/3/30 11:10	CONF 文件	2 KB
registry.conf.bak	2021/3/30 11:06	BAK 文件	2 KB

●图 5-17　Seata Server 配置

1. registry.conf

默认情况下，Seata Server 的配置模式是 File 模式，由 registry.conf 的 registry.type 和 config.type 属性确定，该模式下 Seata Server 的配置都是在配置文件中配置，该配置文件的名称在 registry.file.name 和 config.file.name 属性中确定，默认都是 file.conf，因此，该项目在不修改配置文件的情况下也可以正常启动，使用默认配置。

Seata Server 支持 Nacos、Eureka、Redis、ZK、Consul、Etcd3、Sofa 等多种配置方式，使用 Nacos 模式删除其他无用的配置方式后，registry.conf 的结构精简如下。

```
1.  registry {
2.    # file、nacos 、eureka、redis、zk、consul、etcd3、sofa
3.    type = "nacos"
4.
5.    file {
6.      name = "file.conf"
7.    }
8.  }
9.
10. config {
```

```
11.    # file、nacos、apollo、zk、consul、etcd3
12.    type = "file"
13.    file {
14.      name = "file.conf"
15.    }
16. }
```

2. file. conf 文件

file 文件主要配置 Seata Server 的各种属性，也可以完全不修改，即使用默认配置。

Seata Server 的存储模式有 File 和 DB 两种，可以通过 store. mode 属性配置，默认的存储方式是 File。

File 模式下，Seata 的事务相关信息会存储在内存，并持久化到 root. data 文件中，这种模式的性能较高。

DB 模式是一种高可用的模式，Seata 的全局事务、分支事务和锁都在数据库中存储。

如果是 DB 模式，找到 DB 模块可以修改数据库配置信息，即修改数据库 IP、端口号、用户名和密码，具体代码如下。

```
1.    ## transaction log store
2.    store {
3.      ## store mode: file、db
4.      mode = "file"
5.
6.      ## file store
7.      file {
8.        dir = "sessionStore"
9.
10.       # branch session size , if exceeded first try compresslockkey, still ex-
             ceeded throws exceptions
11.       max-branch-session-size = 16384
12.       # globe session size , if exceeded throws exceptions
13.       max-global-session-size = 512
14.       # file buffer size , if exceeded allocate new buffer
15.       file-write-buffer-cache-size = 16384
16.       # when recover batch read size
17.       session.reload.read_size = 100
18.       #async, sync
19.       flush-disk-mode =async
20.     }
21.
22.     ## database store
23.     db {
24.       ##the implement of javax.sql.DataSource, such as DruidDataSource
             (druid)/BasicDataSource(dbcp) etc.
```

```
25.        datasource = "dbcp"
26.        ##mysql/oracle/h2/oceanbase etc.
27.        db-type = "mysql"
28.        driver-class-name = "com.mysql.jdbc.Driver"
29.        url = "jdbc:mysql:// *** :3306/seata"
30.        user = " *** "
31.        password = " *** "
32.        min-conn = 1
33.        max-conn = 3
34.        global.table = "global_table"
35.        branch.table = "branch_table"
36.        lock-table = "lock_table"
37.        query-limit = 100
38.    }
39.}
```

5.4.4 库存微服务

案例中，库存微服务由下单微服务调用，使用 JDBC 完成下单后扣减库存功能。

1. 导入依赖

在 pom.xml 中导入 Seata 相关的依赖组件，代码如下。

```xml
1.  <?xml version = "1.0" encoding = "UTF-8"?>
2.  <project xmlns = "http://maven.apache.org/POM/4.0.0"
3.          xmlns:xsi = "http://www.w3.org/2001/XMLSchema-instance"
4.          xsi:schemaLocation = "http://maven.apache.org/POM/4.0.0 http://
            maven.apache.org/xsd/maven-4.0.0.xsd">
5.      <parent>
6.          <artifactId>springcloud-seata </artifactId>
7.          <groupId>com.lxs.demo </groupId>
8.          <version>1.0-SNAPSHOT </version>
9.      </parent>
10.     <modelVersion>4.0.0</modelVersion>
11.
12.     <artifactId>storage </artifactId>
13.
14.     <dependencies>
15.
16.         <!--sentinel-->
17.         <dependency>
18.             <groupId>com.alibaba.cloud </groupId>
```

```
19.            <artifactId>spring-cloud-starter-alibaba-sentinel</
               artifactId>
20.        </dependency>
21.        <!--nacos config-->
22.        <dependency>
23.            <groupId>com.alibaba.cloud</groupId>
24.            <artifactId>spring-cloud-starter-alibaba-nacos-config</arti-
               factId>
25.        </dependency>
26.        <!--nacos-->
27.        <dependency>
28.            <groupId>com.alibaba.cloud</groupId>
29.            <artifactId>spring-cloud-starter-alibaba-nacos-discovery</
               artifactId>
30.        </dependency>
31.
32.        <!--open feign-->
33.        <dependency>
34.            <groupId>org.springframework.cloud</groupId>
35.            <artifactId>spring-cloud-starter-openfeign</artifactId>
36.        </dependency>
37.
38.        <!--SpringBoot 整合 Web 组件 -->
39.        <dependency>
40.            <groupId>org.springframework.boot</groupId>
41.            <artifactId>spring-boot-starter-web</artifactId>
42.        </dependency>
43.        <dependency>
44.            <groupId>org.springframework.boot</groupId>
45.            <artifactId>spring-boot-starter-actuator</artifactId>
46.        </dependency>
47.        <dependency>
48.            <groupId>org.projectlombok</groupId>
49.            <artifactId>lombok</artifactId>
50.            <optional>true</optional>
51.        </dependency>
52.        <dependency>
53.            <groupId>org.springframework.boot</groupId>
54.            <artifactId>spring-boot-starter-test</artifactId>
55.            <scope>test</scope>
56.        </dependency>
57.
```

```
58.        <dependency>
59.            <groupId>mysql </groupId>
60.            <artifactId>mysql-connector-java </artifactId>
61.            <scope>runtime </scope>
62.        </dependency>
63.        <dependency>
64.            <groupId>com.alibaba </groupId>
65.            <artifactId>druid-spring-boot-starter </artifactId>
66.        </dependency>
67.        <dependency>
68.            <groupId>org.springframework.boot </groupId>
69.            <artifactId>spring-boot-starter-data-jpa </artifactId>
70.        </dependency>
71.        <dependency>
72.            <groupId>com.alibaba.cloud </groupId>
73.            <artifactId>spring-cloud-alibaba-seata </artifactId>
74.        </dependency>
75.        <dependency>
76.            <groupId>io.seata </groupId>
77.            <artifactId>seata-all </artifactId>
78.        </dependency>
79.
80.    </dependencies>
81.
82.
83. </project>
```

2. 配置类

在配置类中，配置使用 Seata 的 AT 模式，需要配置 "io. seata. rm. datasource. DataSourceProxy" 数据源代理对象，其中，@Primary 表示优先使用此对象作为系统中的数据源对象，代码如下。

```
1.  @Configuration
2.  public class DataSourceConfiguration {
3.
4.      @Bean
5.      @ConfigurationProperties(prefix = "spring.datasource")
6.      public DataSource dataSource() {
7.          DruidDataSource druidDataSource = new DruidDataSource();
8.          return druidDataSource;
9.      }
10.
11.     @Primary
```

```
12.    @Bean("dataSourceProxy")
13.    public DataSourceProxy dataSourceProxy(DataSource dataSource) {
14.        return new DataSourceProxy(dataSource);
15.    }
16.
17.    @Bean("jdbcTemplate")
18.    @ConditionalOnBean(DataSourceProxy.class)
19.    public JdbcTemplate jdbcTemplate(DataSourceProxy dataSourceProxy) {
20.        return new JdbcTemplate(dataSourceProxy);
21.    }
22.
23. }
```

3. 业务层

业务类 StorageService 使用 JdbcTemplate，执 行 JDBC 实现库存扣减业务，代码如下。

```
1.    @Service
2.    public class StorageService {
3.
4.        @Autowired
5.        private JdbcTemplate jdbcTemplate;
6.
7.        public void deduct(String commodityCode, int count) {
8.            jdbcTemplate.update("update storage_tbl set count = count - ? where
                 commodity_code = ?",
9.                new Object[] {count, commodityCode});
10.       }
11. }
```

4. 控制层

控制组件 StorageController 通过调用 StorageService 组件来完成库存扣减工作，代码如下。

```
1.    @RestController
2.    public class StorageController {
3.
4.        @Autowired
5.        private StorageService storageService;
6.
7.        @RequestMapping(value = "/deduct", produces = "application/json")
8.        public Boolean deduct(String commodityCode, Integer count) {
9.            storageService.deduct(commodityCode, count);
```

```
10.        return true ;
11.    }
12. }
```

5.4.5 配置文件详解

微服务工程中的 Seata 配置文件如图 5-18 所示。

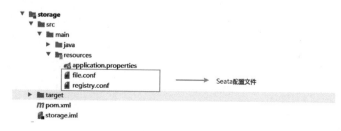

●图 5-18　配置文件

file. conf 中 Service 配置如下。

```
1.   service {
2.     #transaction service group mapping,配置 Seata Server 在注册中心注册的服务名
3.     vgroupMapping.my_test_tx_group = "default"
4.     #配置 Client 连接 Seata Server 的地址
5.     default.grouplist = "127.0.0.1:8091"
6.     #degrade, current not support
7.     enableDegrade = false
8.     #disableseata
9.     disableGlobalTransaction = false
10. }
```

application. properties 配置文件，需要保证 spring. cloud. alibaba. seata. tx-service-group 配置的事务组和 file. conf 中的 Service 配置一致，配置关系如图 5-19 所示。

●图 5-19　application. properties 配置

完整的 application. properties 代码如下。

```
1.  spring.application.name=storage-service
2.  server.port=8081
3.  spring.datasource.url=jdbc:mysql://192.168.220.110:3306/fescar?useSSL=
    false&serverTimezone=UTC
4.  spring.datasource.username=root
5.  spring.datasource.password=root
6.  spring.cloud.alibaba.seata.tx-service-group=my_test_tx_group
7.  logging.level.org.springframework.cloud.alibaba.seata.web=debug
8.  logging.level.io.seata=debug
9.
10. spring.cloud.nacos.discovery.server-addr = localhost:8848
11. spring.cloud.sentinel.transport.dashboard = localhost:8080
12. spring.cloud.sentinel.transport.port = localhost:8719
13. feign.sentinel.enabled=   true
14.
15.
16. spring.main.allow-bean-definition-overriding=true
```

其他工程都与上述配置文件相似，修改相应的微服务的配置端口号即可，这里就不再重复阐述了。

5.4.6 用户微服务

用户微服务由订单微服务调用，可以完成下单扣减用户余额功能。

1. 引入依赖

在 pom. xml 中引入相关依赖，代码如下。

```
1.  <?xml version="1.0" encoding="UTF-8"?>
2.  <project xmlns="http://maven.apache.org/POM/4.0.0"
3.          xmlns:xsi="http://www.w3.org/2001/XMLSchema-instance"
4.          xsi:schemaLocation="http://maven.apache.org/POM/4.0.0 http://ma-
    ven.apache.org/xsd/maven-4.0.0.xsd">
5.      <parent>
6.          <artifactId>springcloud-seata</artifactId>
7.          <groupId>com.lxs.demo</groupId>
8.          <version>1.0-SNAPSHOT</version>
9.      </parent>
10.     <modelVersion>4.0.0</modelVersion>
11.
12.     <artifactId>account</artifactId>
13.
```

```
14.    <dependencies>
15.
16.        <!--sentinel-->
17.        <dependency>
18.            <groupId>com.alibaba.cloud </groupId>
19.            <artifactId>spring-cloud-starter-alibaba-sentinel </artifactId>
20.        </dependency>
21.        <!--nacos config-->
22.        <dependency>
23.            <groupId>com.alibaba.cloud </groupId>
24.            <artifactId>spring-cloud-starter-alibaba-nacos-config </arti-
               factId>
25.        </dependency>
26.        <!--nacos-->
27.        <dependency>
28.            <groupId>com.alibaba.cloud </groupId>
29.            <artifactId>spring-cloud-starter-alibaba-nacos-discovery </
               artifactId>
30.        </dependency>
31.
32.        <!--open feign-->
33.        <dependency>
34.            <groupId>org.springframework.cloud </groupId>
35.            <artifactId>spring-cloud-starter-openfeign </artifactId>
36.        </dependency>
37.
38.        <!-- SpringBoot 整合 Web 组件 -->
39.        <dependency>
40.            <groupId>org.springframework.boot </groupId>
41.            <artifactId>spring-boot-starter-web </artifactId>
42.        </dependency>
43.        <dependency>
44.            <groupId>org.springframework.boot </groupId>
45.            <artifactId>spring-boot-starter-actuator </artifactId>
46.        </dependency>
47.        <dependency>
48.            <groupId>org.projectlombok </groupId>
49.            <artifactId>lombok </artifactId>
50.            <optional>true </optional>
51.        </dependency>
52.        <dependency>
53.            <groupId>org.springframework.boot </groupId>
```

```
54.          <artifactId>spring-boot-starter-test </artifactId>
55.          <scope>test </scope>
56.      </dependency>
57.
58.      <dependency>
59.          <groupId>mysql </groupId>
60.          <artifactId>mysql-connector-java </artifactId>
61.          <scope>runtime </scope>
62.      </dependency>
63.      <dependency>
64.          <groupId>com.alibaba </groupId>
65.          <artifactId>druid-spring-boot-starter </artifactId>
66.      </dependency>
67.      <dependency>
68.          <groupId>org.springframework.boot </groupId>
69.          <artifactId>spring-boot-starter-data-jpa </artifactId>
70.      </dependency>
71.      <dependency>
72.          <groupId>com.alibaba.cloud </groupId>
73.          <artifactId>spring-cloud-alibaba-seata </artifactId>
74.      </dependency>
75.      <dependency>
76.          <groupId>io.seata </groupId>
77.          <artifactId>seata-all </artifactId>
78.      </dependency>
79.
80.      </dependencies>
81.
82.
83. </project>
```

2. 业务层

用户微服务的 AccountService.java 类使用 JDBC 完成用户余额扣减功能，代码如下。

```
1.  @Service
2.  public class AccountService {
3.
4.      @Autowired
5.      private JdbcTemplate jdbcTemplate;
6.
7.      public void reduce(String userId, int money) {
```

```
8.          jdbcTemplate.update("update account_tbl set money = money - ? where
            user_id = ?", new Object[] {money, userId});
9.      }
10. }
```

3. 控制层

控制层 AccountController 类调用 accountService 完成用户余额扣减功能，代码如下。

```
1.  @RestController
2.  public class AccountController {
3.
4.      @Autowired
5.      private AccountService accountService;
6.
7.      @RequestMapping(value = "/reduce", produces = "application/json")
8.      public Boolean debit(String userId, int money) {
9.          accountService.reduce(userId, money);
10.         return true ;
11.     }
12. }
```

5.4.7 订单微服务

创建订单微服务 Order，订单微服务由业务微服务的 Business 微服务调用，同时又通过
Feign 调用用户微服务完成下单业务。

1. 引入依赖

在 pom. xml 中引入依赖，代码如下。

```
1.  <?xml version = "1.0" encoding = "UTF-8"?>
2.  <project xmlns = "http://maven.apache.org/POM/4.0.0"
3.          xmlns:xsi = "http://www.w3.org/2001/XMLSchema-instance"
4.          xsi:schemaLocation = "http://maven.apache.org/POM/4.0.0 http://
    maven.apache.org/xsd/maven-4.0.0.xsd">
5.      <parent>
6.          <artifactId>springcloud-seata </artifactId>
7.          <groupId>com.lxs.demo </groupId>
8.          <version>1.0-SNAPSHOT </version>
9.      </parent>
10.     <modelVersion>4.0.0</modelVersion>
11.
12.     <artifactId>order </artifactId>
13.
```

```xml
14.    <dependencies>
15.
16.        <!--sentinel-->
17.        <dependency>
18.            <groupId>com.alibaba.cloud</groupId>
19.            <artifactId>spring-cloud-starter-alibaba-sentinel</artifactId>
20.        </dependency>
21.        <!--nacos config-->
22.        <dependency>
23.            <groupId>com.alibaba.cloud</groupId>
24.            <artifactId>spring-cloud-starter-alibaba-nacos-config</artifactId>
25.        </dependency>
26.        <!--nacos-->
27.        <dependency>
28.            <groupId>com.alibaba.cloud</groupId>
29.            <artifactId>spring-cloud-starter-alibaba-nacos-discovery</artifactId>
30.        </dependency>
31.
32.        <!--open feign-->
33.        <dependency>
34.            <groupId>org.springframework.cloud</groupId>
35.            <artifactId>spring-cloud-starter-openfeign</artifactId>
36.        </dependency>
37.
38.        <!-- SpringBoot 整合 Web 组件 -->
39.        <dependency>
40.            <groupId>org.springframework.boot</groupId>
41.            <artifactId>spring-boot-starter-web</artifactId>
42.        </dependency>
43.        <dependency>
44.            <groupId>org.springframework.boot</groupId>
45.            <artifactId>spring-boot-starter-actuator</artifactId>
46.        </dependency>
47.        <dependency>
48.            <groupId>org.projectlombok</groupId>
49.            <artifactId>lombok</artifactId>
50.            <optional>true</optional>
51.        </dependency>
52.        <dependency>
53.            <groupId>org.springframework.boot</groupId>
```

```
54.            <artifactId>spring-boot-starter-test </artifactId>
55.            <scope>test </scope>
56.        </dependency>
57.
58.        <dependency>
59.            <groupId>mysql </groupId>
60.            <artifactId>mysql-connector-java </artifactId>
61.            <scope>runtime </scope>
62.        </dependency>
63.        <dependency>
64.            <groupId>com.alibaba </groupId>
65.            <artifactId>druid-spring-boot-starter </artifactId>
66.        </dependency>
67.        <dependency>
68.            <groupId>org.springframework.boot </groupId>
69.            <artifactId>spring-boot-starter-data-jpa </artifactId>
70.        </dependency>
71.        <dependency>
72.            <groupId>com.alibaba.cloud </groupId>
73.            <artifactId>spring-cloud-alibaba-seata </artifactId>
74.        </dependency>
75.        <dependency>
76.            <groupId>io.seata </groupId>
77.            <artifactId>seata-all </artifactId>
78.        </dependency>
79.
80.    </dependencies>
81.
82.
83. </project>
```

2. UserFeign

在订单微服务中通过 Open Feign 调用用户微服务实现扣款功能，UserFeignClient 代码如下。

```
1.  @FeignClient(name = "account-service", url = "127.0.0.1:8083")
2.  public interface UserFeignClient {
3.
4.      @GetMapping("/reduce")
5.      Boolean reduce(@RequestParam("userId") String userId, @RequestParam("
        money") int money);
6.  }
```

3. 业务层

业务层类 OrderService 使用 JdbcTemlate 对象来调用 JDBC 完成创建订单工作，同时使用 UserFeignClient 对象来调用用户微服务，完成用户余额扣减功能，代码如下。

```
1.  @Service
2.  public class OrderService {
3.
4.      @Autowired
5.      private UserFeignClient userFeignClient;
6.
7.      @Autowired
8.      private JdbcTemplate jdbcTemplate;
9.
10.     public void create(String userId, String commodityCode, Integer count)
   {
11.
12.         int orderMoney = count * 100;
13.         jdbcTemplate.update("insert order_tbl(user_id,commodity_code,count,
   money) values(?,?,?,?)",
14.             new Object[]{userId, commodityCode, count, orderMoney});
15.
16.         userFeignClient.reduce(userId, orderMoney);
17.
18.     }
19. }
```

4. 控制层

控制层通过调用 OrderService 完成下单和扣除用户余额功能，代码如下。

```
1.  @RestController
2.  public class OrderController {
3.
4.      @Autowired
5.      private OrderService orderService;
6.
7.      @GetMapping(value = "/create", produces = "application/json")
8.      public Boolean create(String userId, String commodityCode, Integer
   count) {
9.
10.         orderService.create(userId, commodityCode, count);
11.         return true ;
12.     }
13.
14. }
```

5.4.8　业务微服务

创建 Business 业务微服务，通过 Feign 调用库存微服务和订单微服务实现下单业务，分布式事务也在此微服务进行控制。

1. 引入依赖

在 pom. xml 中引入依赖，代码如下。

```xml
<?xml version="1.0" encoding="UTF-8"?>
<project xmlns="http://maven.apache.org/POM/4.0.0"
    xmlns:xsi="http://www.w3.org/2001/XMLSchema-instance"
    xsi:schemaLocation="http://maven.apache.org/POM/4.0.0 http://maven.apache.org/xsd/maven-4.0.0.xsd">
    <parent>
        <artifactId>springcloud-seata</artifactId>
        <groupId>com.lxs.demo</groupId>
        <version>1.0-SNAPSHOT</version>
    </parent>
    <modelVersion>4.0.0</modelVersion>

    <artifactId>business</artifactId>

    <dependencies>

        <!--sentinel-->
        <dependency>
            <groupId>com.alibaba.cloud</groupId>
            <artifactId>spring-cloud-starter-alibaba-sentinel</artifactId>
        </dependency>
        <!--nacos config-->
        <dependency>
            <groupId>com.alibaba.cloud</groupId>
            <artifactId>spring-cloud-starter-alibaba-nacos-config</artifactId>
        </dependency>
        <!--nacos-->
        <dependency>
            <groupId>com.alibaba.cloud</groupId>
            <artifactId>spring-cloud-starter-alibaba-nacos-discovery</artifactId>
        </dependency>

```

```
32.          <!--open feign-->
33.          <dependency>
34.              <groupId>org.springframework.cloud </groupId>
35.              <artifactId>spring-cloud-starter-openfeign </artifactId>
36.          </dependency>
37.

38.          <!--SpringBoot 整合 Web 组件 -->
39.          <dependency>
40.              <groupId>org.springframework.boot </groupId>
41.              <artifactId>spring-boot-starter-web </artifactId>
42.          </dependency>
43.          <dependency>
44.              <groupId>org.springframework.boot </groupId>
45.              <artifactId>spring-boot-starter-actuator </artifactId>
46.          </dependency>
47.          <dependency>
48.              <groupId>org.projectlombok </groupId>
49.              <artifactId>lombok </artifactId>
50.              <optional>true </optional>
51.          </dependency>
52.          <dependency>
53.              <groupId>org.springframework.boot </groupId>
54.              <artifactId>spring-boot-starter-test </artifactId>
55.              <scope>test </scope>
56.          </dependency>
57.

58.          <dependency>
59.              <groupId>mysql </groupId>
60.              <artifactId>mysql-connector-java </artifactId>
61.              <scope>runtime </scope>
62.          </dependency>
63.          <dependency>
64.              <groupId>com.alibaba </groupId>
65.              <artifactId>druid-spring-boot-starter </artifactId>
66.          </dependency>
67.          <dependency>
68.              <groupId>org.springframework.boot </groupId>
69.              <artifactId>spring-boot-starter-data-jpa </artifactId>
70.          </dependency>
71.          <dependency>
72.              <groupId>com.alibaba.cloud </groupId>
73.              <artifactId>spring-cloud-alibaba-seata </artifactId>
```

```
74.        </dependency>
75.        <dependency>
76.            <groupId>io.seata </groupId>
77.            <artifactId>seata-all </artifactId>
78.        </dependency>
79.
80.    </dependencies>
81.
82.
83. </project>
```

2. 配置类

在业务微服务中只是执行基本的数据库操作,不涉及分布式事务,所以这里直接使用
DataSource 即可,代码如下。

```
1.  @Configuration
2.  public class DataSourceConfiguration {
3.
4.      @Bean
5.      @ConfigurationProperties(prefix = "spring.datasource")
6.      public DataSource dataSource() {
7.          DruidDataSource druidDataSource = new DruidDataSource();
8.          return druidDataSource;
9.      }
10.
11.     @Bean("jdbcTemplate")
12.     public JdbcTemplate jdbcTemplate(DataSource dataSource) {
13.         return new JdbcTemplate(dataSource);
14.     }
15.
16. }
```

3. FeignClient

通过 OrderFeignClient 调用订单微服务实现下单,订单微服务又通过 Feign 调用用户微
服务实现扣款,代码如下。

```
1.  @FeignClient(name = "order-service", url = "127.0.0.1:8082")
2.  public interface OrderFeignClient {
3.
4.      @GetMapping("/create")
5.      void create(@RequestParam("userId") String userId,
6.              @RequestParam("commodityCode") String commodityCode,
7.              @RequestParam("count") Integer count);
```

```
8.
9.  }
```

通过 StorageFeignClient 调用库存微服务实现消减库存操作，代码如下。

```
1.  @FeignClient(name = "storage-service", url = "127.0.0.1:8081")
2.  public interface StorageFeignClient {
3.
4.      @GetMapping("/deduct")
5.      void deduct(@RequestParam("commodityCode") String commodityCode,
6.              @RequestParam("count") Integer count);
7.
8.  }
```

4. 业务层

业务类中 purchase 方法通过 StorageFeignClient 调用库存微服务，实现库存扣减功能，通过 OrderFeignClient 实现创建订单功能。订单微服务又通过 UserFeignClient 调用用户微服务，扣减用户余额。最后在 purchase 方法中通过 validData 方法查询用户余额和库存数，如果余额和库存不足，则抛出 RuntimeException 运行期异常，回滚分布式事务。

purchase 方法使用@GlobalTransactional 注解控制分布式事务能力。可以看到，Seata 只需要一个注解即可在复杂的微服务架构下完成分布式事务。

@PostConstruct 修饰的 initData 方法会在服务器容器加载时运行，并且只会被服务器执行一次，此处 initData 方法会在服务重启时初始化数据库数据，代码如下。

```
1.  @Service
2.  public class BusinessService {
3.
4.      @Autowired
5.      private StorageFeignClient storageFeignClient;
6.      @Autowired
7.      private OrderFeignClient orderFeignClient;
8.
9.      @Autowired
10.     private JdbcTemplate jdbcTemplate;
11.
12.     /**
13.      * 减库存,下订单
14.      *
15.      * @param userId
16.      * @param commodityCode
17.      * @param orderCount
18.      */
19.     @GlobalTransactional
```

```
20.      public void purchase(String userId, String commodityCode, int orderCount)
         {
21.          storageFeignClient.deduct(commodityCode, orderCount);
22.
23.          orderFeignClient.create(userId, commodityCode, orderCount);
24.
25.          if (!validData()) {
26.              throw new RuntimeException("账户或库存不足,执行回滚");
27.          }
28.      }
29.
30.      @PostConstruct
31.      public void initData() {
32.          jdbcTemplate.update("delete from account_tbl");
33.          jdbcTemplate.update("delete from order_tbl");
34.          jdbcTemplate.update("delete from storage_tbl");
35.          jdbcTemplate.update("insert into account_tbl(user_id,money) values
             ('U100000','10000')");
36.          jdbcTemplate.update("insert into storage_tbl(commodity_code,count)
             values('C100000','200')");
37.      }
38.
39.      public boolean validData() {
40.          Map accountMap = jdbcTemplate.queryForMap("select * from account_
             tbl where user_id='U100000'");
41.          if (Integer.parseInt(accountMap.get("money").toString()) < 0) {
42.              return false ;
43.          }
44.          Map storageMap = jdbcTemplate.queryForMap("select * from storage_
             tbl where commodity_code='C100000'");
45.          if (Integer.parseInt(storageMap.get("count").toString()) < 0) {
46.              return false ;
47.          }
48.          return true ;
49.      }
50. }
```

5. 控制层

控制器组件提供两个方法,具体如下。

- purchaseCommit:事务正常提交方法,例如,购买数量 30 小于库存数量 200,分布式事务正常提交。订单表、库存表和用户表进行相应的修改。

- purchaseRollback:事务异常回滚方法,例如,购买数量 9999 大于库存数量 200, Service 中抛出运行期异常,事务回滚。执行后可以看到,库存 = 200,用户余额 =

10000，数据已回滚。

BusinessController 控制器代码如下。

```java
1.  @RestController
2.  public class BusinessController {
3.
4.      @Autowired
5.      private BusinessService businessService;
6.
7.      /**
8.       * 购买下单,模拟全局事务提交
9.       *
10.      * @return
11.      */
12.     @RequestMapping(value = "/purchase/commit", produces = "application/json")
13.     public String purchaseCommit() {
14.         try {
15.             businessService.purchase("U100000", "C100000", 30);
16.         }catch (Exception exx) {
17.         return exx.getMessage();
18.         }
19.         return "全局事务提交";
20.     }
21.
22.     /**
23.      * 购买下单,模拟全局事务回滚
24.      * 账户或库存不足
25.      *
26.      * @return
27.      */
28.     @RequestMapping("/purchase/rollback")
29.     public String purchaseRollback() {
30.         try {
31.             businessService.purchase("U100000", "C100000", 99999);
32.         }catch (Exception exx) {
33.         return exx.getMessage();
34.         }
35.         return "全局事务提交";
36.     }
37. }
```

6. 测试分布式事务

浏览器访问分布式事务回滚方法为 "/purchase/commit"，因为此方法的购买商品数量

为 30，小于库存数 200，所以分布式事务正常执行提交。

重启项目，数据初始化后浏览器访问分布式事务回滚方法"/purchase/rollback"，因为此方法的购买商品数量为 9999，大于库存数。所以分布式事务回滚，执行后查看数据已回滚。

重启项目，数据初始化后，浏览器访问分布式事务回滚方法"/purchase/rollback"，在 BusinessService 类的第 43 行处设置断点，如图 5-20 所示。

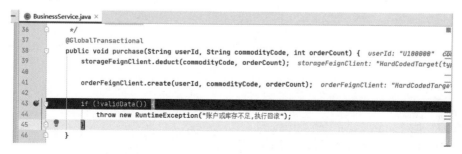

●图 5-20　BusinessService 断点调试

进入断点后，观察数据库中数据变化，发现余额已经扣减，如图 5-21 所示。

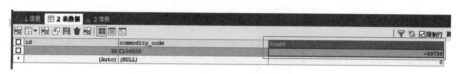

●图 5-21　库存余额扣减

同时，undo_log 中存在 Seata 执行过程中的相应日志数据，如图 5-22 所示。

●图 5-22　Seata 执行产生数据

继续执行，因为抛出运行期异常，分布式事务回滚，观察到订单表、用户表、库存表回滚到初始状态。

第 **6** 章

RocketMQ 消息中间件

　　RocketMQ 是一款由 Alibaba 研发的分布式的消息中间件，它参考了优秀的开源消息中间件 Kafka，并且是阿里巴巴实际业务需求（如在天猫双十一的场景锤炼）中实现业务削峰、分布式事务的优秀框架。RocketMQ 支持集群模式、消费者负载均衡、水平扩展和广播模式，采用零拷贝原理、顺序写盘、支持亿级消息堆积能力。同时提供了丰富的消息机制，如顺序消息、事务消息等。

6.1　消息中间件概述

6.1

　　消息中间件常用于微服务分布式系统中的应用解耦、流量削峰、异步处理等很多场景。比如，在秒杀业务中下单后可以发送延迟消息，若 5 min 未支付，便可以取消订单、回滚库存，让其他用户可以对该商品进行秒杀下单。下面对消息中间件概念以及不同 MQ 产品做简要的介绍。

6.1.1　MQ 概述

　　消息队列（Message Queue，MQ），是在消息的传输过程中保存消息的容器，多用于分布式系统之间的通信。消息队列是一种"先进先出"的数据结构，如图 6-1 所示。

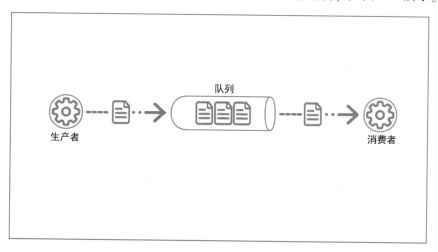

●图 6-1　MQ 基本概念示意图

消息队列应用场景主要包含以下三个方面。

1. 应用解耦

　　系统的耦合性越高，容错性就越低。以电商应用为例，在用户创建订单后，如果耦合调用库存系统、物流系统、支付系统，其中任何一个子系统出现故障或者因为升级等原因暂时不可用，都会造成下单操作异常，影响用户的使用体验。电商应用下的耦合如图 6-2 所示。

　　使用消息队列解耦合，比如，库存系统发生故障需要几分钟才能修复，在这段时间内，

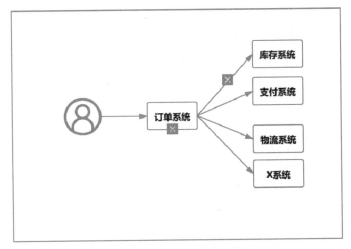

●图6-2　电商应用中的耦合

库存系统要处理的数据可以被缓存到消息队列中，用户的下单操作正常完成。当库存系统恢复后，补充处理消息队列中的订单消息即可，此时，终端系统感知不到物流系统发生过几分钟故障。电商应用使用消息队列解耦如图6-3所示。

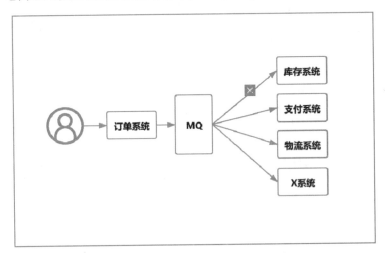

●图6-3　电商应用使用消息队列解耦

2. 任务异步处理

　　任务异步处理是指不需要同步处理的且耗时长的操作，由消息队列通知消息接收方进行异步处理，从而提高了应用程序的响应效率。例如，一个下单操作耗时 20+300+300+300=920 ms，用户单击下单按钮后需要等待 920 ms 才能得到下单响应，用户体验会很差，如图6-4所示。加入 MQ 应用后，用户下单后只需等待 25 ms 就能得到下单响应（20+5=25 ms），提升了用户体验，如图6-5所示。

3. 流量削峰

　　例如，订单系统在下单的时候就会将数据写入数据库。但是数据库只能支撑每秒1000个左右的并发写入，并发量高于1000就容易死机。而在低峰期时并发量也只有100多个，但是在高峰期时并发量会激增到5000以上，这个时候数据库肯定卡死了，如图6-6所示。

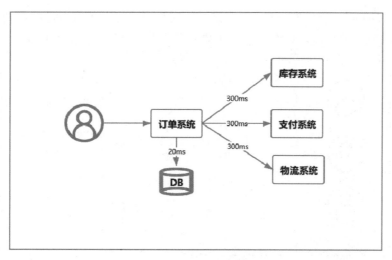

●图6-4 任务同步处理

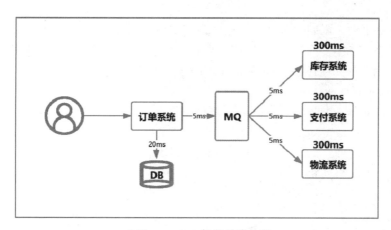

●图6-5 MQ任务异步处理

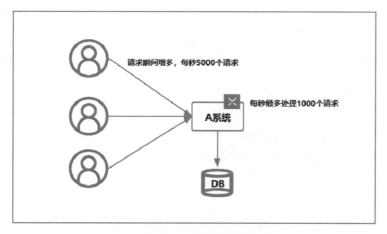

●图6-6 MQ流量削峰前方案

这时加入 MQ 后，消息被 MQ 保存起来，然后系统就可以按照自己的消费能力来消费，比如每秒将 1000 个消息写入数据库，这样数据库就不会卡死了，如图 6-7 所示。

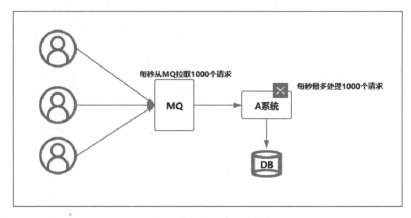

●图 6-7　MQ 削峰方案

使用了 MQ 之后，限制消费消息的速度为每秒 1000 个请求，但是这样会使高峰期产生的数据势积压在 MQ 中，高峰就被"削"掉了。但是因为消息积压，在高峰期过后的一段时间内，消费消息的速度还是会维持在 1000QPS，直到消费完积压的消息，这就叫作"填谷"，如图 6-8 所示。

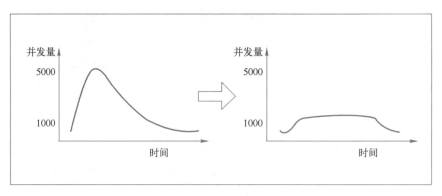

●图 6-8　MQ 削峰填谷

6.1.2　MQ 的缺点

MQ 的加入使得系统的可用性降低，系统引入的外部依赖越多，系统稳定性就越差。一旦 MQ 死机，就会对业务造成影响。MQ 的加入大大增加了系统的复杂度，其原因为以前系统间是同步的远程调用，现在是通过 MQ 进行异步调用。

6.1.3　各种 MQ 产品的比较

当今市面上有很多主流的消息中间件，如 ActiveMQ、RabbitMQ、Kafka、RocketMQ 等。

对 MQ 相关产品的对比见表 6-1。

表 6-1　消息中间件对比表

		Kafka	RocketMQ	RabbitMQ
定位	设计定位	系统间的数据流通道，实时数据处理 例如：常规的消息系统、网站活性追踪，监控数据，日志收集、处理等	非日志的可靠消息传输 例如：订单、交易、充值、流计算、消息推送、日志流式处理、Binglog 分发等	可靠消息传输，和 RocketMQ 类似
基础对比	成熟度	日志领域成熟	成熟	成熟
	所属社区/公司	Apache	Alibaba 开发，已加入到 Apache 下	Mozilla Public License
	社区活跃度	高	中	高
	API 完备性	高	高	高
	文档完备性	高	高	高
	开发语言	Scala	Java	Erlang
	支持协议	一套自行设计的基于 TCP 的二进制协议	自己定义的一套协议（社区提供 JMS，不成熟）	AMQP
	客户端语言	C/C + +、Python、Go、Erlang、.Net、Ruby、Node.js、PHP 等	Java	Java、C、C++、Python、PHP、Perl 等
	持久化方式	磁盘文件	磁盘文件	内存、文件
可用性、可靠性比较	部署方式	单机/集群	单机/集群	单机/集群
	集群管理	ZooKeeper	NameServer	–
	可用性	非常高	非常高	高
	主从切换	自动切换	不支持自动切换	自动切换
	数据可靠性	很好	很好	好
	消息写入性能	非常好	很好	好
	性能的稳定性	队列或分区多时性能不稳定，明显下降 消息堆积时性能稳定	队列较多、消息堆积时性能稳定	消息堆积时性能不稳定，明显下降
	单机支持的队列数	单机超过 64 个队列或分区，Load 会发生明显的飙高现象，队列越多，Load 越高，发送消息的响应时间越长	单机支持最高 5 万个队列，Load 不会发生明显变化	依赖于内存
	堆积能力	非常好	非常好	一般
	消息投递实时性	毫秒级	毫秒级	毫秒级

（续）

功能对比		Kafka	RocketMQ	RabbitMQ
功能对比	定时消息	不支持	开源版本仅支持定时 Level	不支持
	事务消息	不支持	支持	不支持
	消息过滤	不支持	支持 通过 Tag 过滤，类似于子 Topic	不支持
	消息查询	不支持	支持 根据 MessageId 查询 支持根据 MessageKey 查询消息	不支持
	消息失败重试	不支持重试失败	支持失败重试	支持失败重试
	消息重新消费	支持通过修改 Offset 来重新消费	支持按照时间来重新消费	—
	发送端负载均衡	可自由指定	可自由指定	需要单独 Loadbalancer 支持
	消费并行度	消费并行度和分区数一致	顺序消费：消费并行度和分区数一致 乱序消费：消费服务器的消费线程数之和	镜像模式下其实也是从 master 消费
	消费方式	消费端拉取	消费端拉取/服务器推送	服务器推送
	批量发送	支持	不支持	不支持
	消息清理	指定文件保存时间，过期删除	指定文件保存时间，过期删除	可用内存少于 40%（默认）时触发垃圾回收
	访问权限控制	无	无	与数据库类似，需要配置用户名密码
运维	系统维护	Scala 语言开发，维护成本高	Java 语言开发，维护成本低	Erlang 语言开发，维护成本高
	部署依赖	ZooKeeper	NameServer	Erlang 环境
	管理后台	官网不提供，第三方开源管理工具可供使用，不用重新开发	官方提供，RocketMQ-Console	官方提供 rabbitmqadmin

（续）

		Kafka	RocketMQ	RabbitMQ
总结	优点	1. 在高吞吐、低延迟、高可用、集群热扩散、集群容错上有非常好的表现 2. Producer 端提供缓存、压缩功能，可节省性能、提高效率 3. 提供顺序消费能力 4. 提供多种客户端语言 5. 生态完善，在大数据处理方面有大量配套设施	1. 在高吞吐、低延迟、高可用上有非常好的表现，消息堆积时，性能也很好 2. API、系统设计都更加适合业务处理的场景 3. 支持多种消费方式 4. 支持 Broker 消费过滤 5. 支持事务 6. 提供消息顺序消费能力；Consumer 可以水平扩展，消费能力强 7. 集群规模在 50 台左右，单日处理消息上百亿条；经历过大数据量的考验，比较稳定可靠	1. 在高吞吐量、高可用上较前两者有所不如 2. 支持多种客户端语言；支持 AMQP 3. 由于 Erlang 语言的特性，其性能也比较好；使用 RAM 模式时，性能很好 4. 管理界面较丰富，在互联网公司也有较大规模的应用
	缺点	1. 消费集群数目受到分区数目的限制 2. 单机 Topic 多时，性能会明显降低 3. 不支持事务	1. 相比于 Kafka，使用者较少，生态不够完善，消费堆积、吞吐率上也有所不如 2. 不支持主从自动切换，Master 失效后，消费者要一定时间才能感知 3. 客户端只支持 Java	1. Erlang 语言难度较大，集群不支持动态扩展 2. 不支持事务，消息吞吐能力有限 3. 消息堆积时，性能会明显降低

6.2　RocketMQ 简介

6.2

RocketMQ 是阿里巴巴开源的分布式消息中间件，支持事务消息、顺序消息、批量消息、定时消息、消息回溯等。它有几个区别于标准消息中间件的概念，如 Group、Topic、Queue 等。RocketMQ 系统由 Producer、Consumer、Broker、NameServer 组件组成。

RocketMQ 有两个角色：消息生产者和消息消费者。消息生产者负责创建消息并发送到 RocketMQ 服务器，RocketMQ 服务器会将消息持久化到磁盘，消息消费者从 RocketMQ 服务器拉取消息并提交给应用消费。

6.2.1　基本概念

下面介绍 RocketMQ 的几个核心概念。

1. 消息模型（Message Model）

RocketMQ 主要由 Producer、Broker、Consumer 三部分组成，其中，Producer 负责生产消息，Consumer 负责消费消息，Broker 负责存储消息。Broker 在实际部署过程中对应一台服务器，每个 Broker 可以存储多个 Topic 的消息，每个 Topic 的消息也可以分片存储于不同的 Broker 中。Message Queue 用于存储消息的物理地址，每个 Topic 中的消息地址存储于多个 Message Queue 中。Consumer Group 由多个 Consumer 实例构成。

2. 消息生产者（Producer）

一般由业务系统负责生产消息，一个消息生产者会把业务应用系统产生的消息发送到 Broker 服务器。RocketMQ 提供多种发送方式，如同步发送、异步发送、顺序发送、单向发送。同步和异步方式均需要 Broker 返回确认信息，单向发送则不需要。

3. 消息消费者（Consumer）

负责消费消息，一般由后台系统负责异步消费。一个消息消费者会从 Broker 服务器拉取消息并将其提供给应用程序。从用户应用的角度而言提供了两种消费形式：拉取式消费和推动式消费。

4. 主题（Topic）

表示一类消息的集合，每个主题包含若干条消息，每条消息只能属于一个主题，是 RocketMQ 进行消息订阅的基本单位。

5. 代理服务器（BrokerServer）

消息中转角色，负责存储消息、转发消息。代理服务器在 RocketMQ 系统中负责接收并存储从生产者发送来的消息，同时为消费者的拉取请求做准备。代理服务器也存储与消息相关的元数据，包括消费者组、消费进度偏移、主题和队列消息等。

6. 名字服务（NameServer）

名字服务充当路由消息的提供者。生产者或消费者能够通过名字服务查找各主题相应的 Broker IP 列表。多个 NameServer 实例组成集群，但相互独立，没有信息交换。

7. 拉取式消费（Pull Consumer）

Consumer 消费的一种类型，应用通常主动调用 Consumer 的拉消息方法从 Broker 服务器拉消息，主动权由应用控制。一旦获取了批量消息，应用就会启动消费过程。

8. 推动式消费（Push Consumer）

Consumer 消费的一种类型，该模式下 Broker 收到数据后会主动推送给消费端，该消费模式一般实时性较高。

9. 生产者组（Producer Group）

同一类 Producer 的集合，这类 Producer 发送同一类消息且发送逻辑一致。如果发送的是事务消息且原始生产者在发送之后崩溃，则 Broker 服务器会联系同一生产者组的其他生产者实例以提交或回溯消费。

10. 消费者组（Consumer Group）

同一类 Consumer 的集合，这类 Consumer 通常消费同一类消息且消费逻辑一致。消费者组使得在消息消费方面实现负载均衡和容错的目标变得非常容易。需要注意的是，消费者组的消费者实例必须订阅完全相同的 Topic。RocketMQ 支持两种消息模式：集群消费和广播消费。

11. 集群消费（Clustering）

集群消费模式下，相同 Consumer Group 的每个 Consumer 实例平均分摊消息。

12. 广播消费（Broadcasting）

广播消费模式下，相同 Consumer Group 的每个 Consumer 实例都接收全量的消息。

13. 消息（Message）

消息系统所传输信息的物理载体，生产和消费数据的最小单位，每条消息必须属于一个主题。RocketMQ 中的每个消息拥有唯一的 Message ID，且可以携带具有业务标识的 Key。系统提供通过 Message ID 和 Key 查询消息的功能。

14. 标签（Tag）

为消息设置的标志，用于同一主题下区分不同类型的消息。来自同一业务单元的消息，可以根据不同的业务目的在同一主题下设置不同的标签。标签能够有效地保持代码的清晰度和连贯性，并优化 RocketMQ 提供的查询系统。消费者可以根据 Tag 实现对不同子主题的不同消费逻辑，实现更好的扩展性。

6.2.2　RocketMQ 的优势

对比其他 MQ 中间件产品 Kafka、RabbitMQ，RocketMQ 的主要优势如下。

- 支持事务型消息（消息发送和 DB 操作保持双方的最终一致性，RabbitMQ 和 Kafka 不支持）。
- 支持结合 RocketMQ 的多个系统之间数据的最终一致性。
- 支持 18 个级别的延迟消息（RabbitMQ 和 Kafka 不支持）。
- 支持指定次数和时间间隔的失败消息重发（Kafka 不支持，RabbitMQ 需要手动确认）。
- 支持 Consumer 端 Tag 过滤，减少不必要的网络传输（RabbitMQ 和 Kafka 不支持）。
- 支持重复消费（RabbitMQ 不支持，Kafka 支持）。

6.2.3　RocketMQ 单节点安装

RocketMQ 的单节点安装步骤如下。

1. 下载并解压 RocketMQ

安装命令如下。

```
1.  yum install -y unzip zip
2.  unziprocketmq-all-4.8.0-bin-release.zip
3.  mv rocketmq-all-4.8.0-bin-release rocketmq
4.  mv rocketmq /usr/local/
```

2. 启动 RocketMQ

RocketMQ 默认的虚拟机内存较大，如果因为内存不足启动 Broker 失败，则需要编辑如下两个配置文件，并修改 JVM 内存大小，编辑命令如下。

```
1.  #编辑 runbroker.sh 和 runserver.sh 修改默认 JVM 大小
2.  virunbroker.sh
3.  virunserver.sh
```

参考配置如下。

```
1.  JAVA_OPT=" ${JAVA_OPT} -server -Xms512m -Xmx512m -Xmn256m -XX:
    MetaspaceSize=128m  -XX:MaxMetaspaceSize=320m"
```

启动 NameServer 的命令如下。

```
1.  #1. 启动 NameServer
2.  nohup sh bin/mqnamesrv &
3.  #2. 查看启动日志
4.  tail -f ~/logs/rocketmqlogs/namesrv.log
```

启动 Broker 的命令如下。

```
1.  #1. 启动 Broker
2.  nohup sh bin/mqbroker -n localhost:9876 &
3.  #2. 查看启动日志
4.  tail -f ~/logs/rocketmqlogs/broker.log
```

3. 测试 RocketMQ

发送消息启动官方案例中的消息生产者，命令如下。

```
1.  #1. 设置环境变量
2.  export NAMESRV_ADDR=localhost:9876
3.  #2. 使用安装包的 Demo 发送消息
4.  sh bin/tools.sh org.apache.rocketmq.example.quickstart.Producer
```

接收消息启动官方案例中的消息生产者，命令如下。

```
1.  #1. 设置环境变量
2.  export NAMESRV_ADDR=localhost:9876
3.  #2. 接收消息
4.  sh bin/tools.sh org.apache.rocketmq.example.quickstart.Consumer
```

4. 关闭 RocketMQ

关闭 RocketMQ 的命令如下。

```
1.  #1. 关闭 NameServer
2.  sh bin/mqshutdown namesrv
3.  #2. 关闭 Broker
4.  sh bin/mqshutdown broker
```

6.3 RocketMQ 集群

6.3

RocketMQ 是一款具有低延迟、高性能、高可靠性、数十亿容量和灵活可扩展性的分布式消息传递和流媒体平台。它由四部分组成：NameServer、Broker、Producer 和 Consumer。它们中的每一部分都可以进行水平扩展和高可用集群部署。

6.3.1 技术架构

RocketMQ 从技术架构上主要划分为四部分，其技术架构如图 6-9 所示。

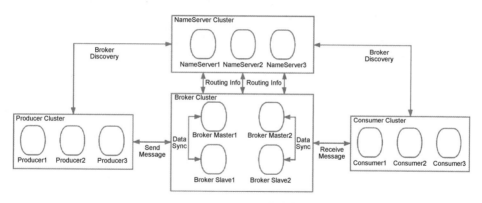

●图 6-9　RocketMQ 技术架构图

RocketMQ 包含的 4 部分的介绍如下。

- Producer：消息发布的角色，支持分布式集群方式部署。Producer 通过 MQ 的负载均衡模块选择相应的 Broker 集群队列进行消息投递，投递的过程支持快速失败并且低延迟。

- Consumer：消息消费的角色，支持分布式集群方式部署。支持以 push（推）、pull（拉）两种模式对消息进行消费，同时也支持集群方式和广播方式的消费，它提供实时的消息订阅机制，可以满足大多数用户的需求。

- NameServer：NameServer 是一个非常简单的 Topic 路由注册中心，其角色类似 Dubbo 中的 ZooKeeper，支持 Broker 的动态注册与发现。主要包括两个功能：Broker 管理，NameServer 接收 Broker 集群的注册信息，并且保存下来作为路由信息的基本数据，然后提供心跳检测机制，检查 Broker 是否存活；路由信息管理，每个 NameServer 将保存关于 Broker 集群的整个路由信息和用于客户端查询的队列信息，然后 Producer 和 Conumser 通过 NameServer 就可以知道整个 Broker 集群的路由信息，从而进行消息的投递和消费。NameServer 通常采用集群方式部署，各实例间相互不进行信息通信。Broker 会向每一台 NameServer 注册自己的路由信息，所以每一个 NameServer 实例上面都保存一份完整的路由信息。当某个 NameServer 因某种原因下线了，Broker 仍然可以向其他 NameServer 同步其路由信息，Producer 和 Consumer 仍然可以动态感知 Broker 的路由信息。

- BrokerServer：BrokerServer 主要负责消息的存储、投递和查询以及服务高可用保证。

6.3.2　部署架构

RocketMQ 高可用集群部署架构如图 6-10 所示，RocketMQ 的每一组成部分进行高可用集群部署分析如下。

- NameServer 是一个几乎无状态节点，可集群部署，节点之间无任何信息同步。
- Broker 部署相对复杂，Broker 分为 Master 与 Slave，一个 Master 可以对应多个 Slave，但是一个 Slave 只能对应一个 Master，Master 与 Slave 的对应关系通过指定相同的 BrokerName、不同的 BrokerId 来定义，BrokerId 为 0 表示 Master，非 0 表示 Slave，Master

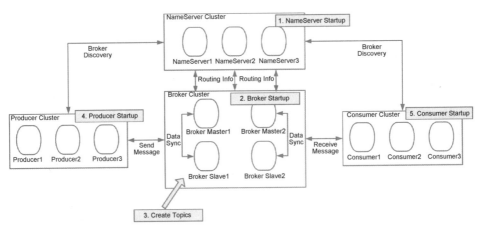

●图6-10 RocketMQ 集群部署架构

也可以部署多个。每个 Broker 与 NameServer 集群中的所有节点建立长连接，定时注册 Topic 信息到所有 NameServer。注意：当前的 RocketMQ 版本在部署架构上支持一Master 多 Slave，但只有 BrokerId=1 的从服务器才会参与消息的读负载。

- Producer 与 NameServer 集群中的一个节点（随机选择）建立长连接，定期从 NameServer 获取 Topic 路由信息，并与提供 Topic 服务的 Master 建立长连接，且定时向 Master 发送心跳。Producer 完全无状态，可集群部署。

- Consumer 与 NameServer 集群中的一个节点（随机选择）建立长连接，定期从 NameServer 获取 Topic 路由信息，并与提供 Topic 服务的 Master、Slave 建立长连接，且定时向 Master、Slave 发送心跳。Consumer 既可以从 Master 订阅消息，也可以从 Slave 订阅消息。消费者在向 Master 拉取消息时，Master 服务器会根据拉取偏移量与最大偏移量的距离（判断是否读老消息，产生读 I/O），以及从服务器是否可读等因素建议下一次是从 Master 还是 Slave 拉取。

结合图 6-10 的部署架构图，集群的工作流程如下：

- 启动 NameServer 后监听端口，等待 Broker、Producer、Consumer 连上来，相当于一个路由控制中心。

- Broker 启动，跟所有的 NameServer 保持长连接，定时发送心跳包。心跳包中包含当前 Broker 信息（IP 和端口等）以及存储的所有 Topic 信息。注册成功后，NameServer 集群中就有 Topic 和 Broker 的映射关系。

- 收发消息前先创建 Topic，创建 Topic 时需要指定该 Topic 要存储在哪些 Broker 上，也可以在发送消息时自动创建 Topic。

- Producer 发送消息，启动时先跟 NameServer 集群中的一台建立长连接，并从 NameServer 中获取当前发送的 Topic 存储在哪些 Broker 上，以轮询方式从队列列表中选择一个队列，然后与队列所在的 Broker 建立长连接，从而向 Broker 发消息。

- Consumer 跟 Producer 类似，与其中一台 NameServer 建立长连接后，获取当前订阅 Topic 存储在哪些 Broker 上，然后直接与 Broker 建立连接通道，开始消费消息。

6.3.3　集群模式

RocketMQ 集群部署模式分为以下两种方式。

1. 多 Master 多 Slave 模式（异步）

每个 Master 配置一个 Slave，有多对 Master-Slave，高可用采用异步复制方式，Master 和 Slave 有短暂消息延迟（毫秒级），这种模式的优缺点如下。

- 优点：即使磁盘损坏，消息也不会丢失很多，且消息实时性不会受到影响。同时 Master 死机后，消费者仍然可以从 Slave 消费，而且此过程对应用透明，不需要人工干预，性能同多 Master 模式几乎一样。
- 缺点：Master 死机后，在磁盘损坏的情况下会丢失少量消息。

2. 多 Master 多 Slave 模式（同步）

每个 Master 配置一个 Slave，有多对 Master-Slave，高可用采用同步双写方式，即只有 Master 和 Slave 都写成功，才向应用返回成功，这种模式的优缺点如下。

- 优点：数据与服务都无单点故障，Master 死机的情况下，消息无延迟，服务可用性与数据可用性都非常高。
- 缺点：性能比异步复制模式略低（大约低 10%），发送单个消息的 RT（最大响应时间）会略高，且目前版本在主节点死机后，备机不能自动切换为主机。

6.3.4　集群搭建

采用同步双写（2 m-2 s）方式来搭建 RocketMQ 集群。

1. 服务器环境

准备两台虚拟机，配置见表 6-2。

表 6-2　服务器准备

序号	IP	角　色	模　式
1	192.168.56.110	NameServer、BrokerServer	Master1、Slave2
2	192.168.56.111	NameServer、BrokerServer	Master2、Slave1

1）/etc/hosts 配置如下。

```
1.  #nameserver
2.  192.168.56.110rocketmq-nameserver1
3.  192.168.56.111rocketmq-nameserver2
4.  #broker
5.  192.168.56.110rocketmq-master1
6.  192.168.56.110rocketmq-slave2
7.  192.168.56.111rocketmq-master2
8.  192.168.56.111rocketmq-slave1
```

2）配置完成后，重启网卡，关闭防火墙。

```
1.  systemctl restart network
2.  #关闭防火墙
3.  systemctl stop firewalld.service
4.  #查看防火墙的状态
5.  firewall-cmd --state
6.  #禁止 firewall 开机启动
7.  systemctl disable firewalld.service
```

3）环境变量配置，在 profile 文件的末尾加入如下命令。

```
1.  #setrocketmq
2.  ROCKETMQ_HOME=/usr/local/rocketmq/rocketmq-all-4.8.0-bin-release
3.  PATH=$PATH:$ROCKETMQ_HOME/bin
4.  export ROCKETMQ_HOME PATH
```

2. Broker 配置文件

1）Master1。在服务器 192.168.56.110 下修改/usr/soft/rocketmq/conf/2m-2s-sync/broker-a. properties，具体配置如下。

```
1.  #所属集群名字
2.  brokerClusterName=rocketmq-cluster
3.  #broker 名字,注意此处不同的配置文件填写的不一样
4.  brokerName=broker-a
5.  #0 表示 Master,>0 表示 Slave
6.  brokerId=0
7.  #nameServer 地址,分号分割
8.  namesrvAddr=rocketmq-nameserver1:9876;rocketmq-nameserver2:9876
9.  #在发送消息时,自动创建服务器不存在的 topic,默认创建的队列数
10. defaultTopicQueueNums=4
11. #是否允许 Broker 自动创建 Topic,建议线下开启,线上关闭
12. autoCreateTopicEnable=true
13. #是否允许 Broker 自动创建订阅组,建议线下开启,线上关闭
14. autoCreateSubscriptionGroup=true
15. #Broker 对外服务的监听端口
16. listenPort=10911
17. #删除文件时间点,默认凌晨 4 点
18. deleteWhen=04
19. #文件保留时间,默认 48 h
20. fileReservedTime=120
21. #commitLog 每个文件的大小默认 1G
22. mapedFileSizeCommitLog=1073741824
23. #ConsumeQueue 每个文件默认存 30 万条,根据业务情况调整
24. mapedFileSizeConsumeQueue=300000
25. #destroyMapedFileIntervalForcibly=120000
26. #redeleteHangedFileInterval=120000
```

```
27. #检测物理文件磁盘空间
28. diskMaxUsedSpaceRatio=88
29. #存储路径
30. storePathRootDir=/usr/local/rocketmq/store
31. #commitLog 存储路径
32. storePathCommitLog=/usr/local/rocketmq/store/commitlog
33. #消费队列存储路径
34. storePathConsumeQueue=/usr/local/rocketmq/store/consumequeue
35. #消息索引存储路径
36. storePathIndex=/usr/local/rocketmq/store/index
37. #checkpoint 文件存储路径
38. storeCheckpoint=/usr/local/rocketmq/store/checkpoint
39. #abort 文件存储路径
40. abortFile=/usr/local/rocketmq/store/abort
41. #限制的消息大小
42. maxMessageSize=65536
43. #flushCommitLogLeastPages=4
44. #flushConsumeQueueLeastPages=2
45. #flushCommitLogThoroughInterval=10000
46. #flushConsumeQueueThoroughInterval=60000
47. #Broker 的角色
48. #- ASYNC_MASTER 异步复制 Master
49. #- SYNC_MASTER 同步双写 Master
50. #- SLAVE
51. brokerRole=SYNC_MASTER
52. #刷盘方式
53. #- ASYNC_FLUSH 异步刷盘
54. #- SYNC_FLUSH 同步刷盘
55. flushDiskType=SYNC_FLUSH
56. #checkTransactionMessageEnable=false
57. #发消息线程池数量
58. #sendMessageThreadPoolNums=128
59. #拉消息线程池数量
```

2）Slave2。在服务器 192.168.56.110 下修改/usr/soft/rocketmq/conf/2m-2s-sync/broker-b-s.properties，具体配置如下。

```
1. #所属集群名字
2. brokerClusterName=rocketmq-cluster
3. #broker 名字,注意此处不同的配置文件填写的不一样
4. brokerbrokerName=broker-b
5. #0 表示 Master,>0 表示 Slave
6. brokerId=1
7. #其他配置参考 borker-a.properties
```

3）Master2。在服务器 192.168.56.111 下修改/usr/soft/rocketmq/conf/2m－2s－sync/broker-b. properties，修改配置如下。

```
1.  #所属集群名字
2.  brokerClusterName=rocketmq-cluster
3.  #当前 broker 监听的 IP
4.  #broker 名字,注意此处不同的配置文件填写的不一样
5.  brokerName=broker-b
6.  #0 表示 Master,>0 表示 Slave
7.  brokerId=0
8.  #其他配置参考 borker-a.properties
```

4）Slave1。在服务器 192.168.56.111 下修改/usr/soft/rocketmq/conf/2m－2s－sync/broker-a-s. properties，修改配置如下。

```
1.  #所属集群名字
2.  brokerClusterName=rocketmq-cluster
3.  #broker 名字,注意此处不同的配置文件填写的不一样
4.  brokerName=broker-a
5.  #0 表示 Master,>0 表示 Slave
6.  brokerId=1
```

3. 服务启动

1）启动 NameServer 集群。分别在 192.168.56.110 和 192.168.56.111 上启动 NameServer。

```
1.  nohup sh mqnamesrv &
```

2）启动 Broker 集群。在 192.168.25.110 上启动 Master1 和 Slave2。

```
1.  nohup sh mqbroker -c /usr/local/rocketmq/conf/2m-2s-sync/broker-
    a.properties &
2.  nohup sh mqbroker -c /usr/local/rocketmq/conf/2m-2s-sync/broker-b-
    s.properties &
```

3）在 192.168.56.111 上启动 Master2 和 Slave1。

```
1.  nohup sh mqbroker -c /usr/local/rocketmq/conf/2m-2s-sync/broker-
    b.properties &
2.  nohup sh mqbroker -c /usr/local/rocketmq/conf/2m-2s-sync/broker-a-
    s.properties &
```

至此，RocketMQ 的同步双写集群搭建完毕。

6.4   RocketMQ 最佳实践

6.4.3

RocketMQ 除了支持基本的消息处理外，还同时支持顺序消息、延迟消息以及 RocketMQ 特有的事务消息。下面介绍这几种消息的使用方法。

6.4.1　消息的发送和消费

RocketMQ 支持发送不同的消息，异步消息、单向消息和消费消息支持负
载均衡模式消费和广播模式消费。

6.4.1

1. 发送消息

发送消息是指消息生成方把消息发送给 Broker，基本的消息发送形式有如下几种。

（1）发送同步消息

同步消息适用于发送重要的消息，如短信通知，代码如下。

```
1.  public class SyncProducer {
2.      public static void main(String[] args) throws Exception {
3.          //实例化消息生产者 Producer
4.          DefaultMQProducer producer = new DefaultMQProducer("please_rename_
    unique_group_name");
5.          //设置 NameServer 的地址
6.          producer.setNamesrvAddr("localhost:9876");
7.          //启动 Producer 实例
8.          producer.start();
9.          for (int i = 0; i < 100; i++) {
10.             //创建消息,并指定 Topic、Tag 和消息体
11.             Messagemsg = new Message("TopicTest" /* Topic */,
12.             "TagA" /* Tag */,
13.             ("HelloRocketMQ " + i).getBytes(RemotingHelper.DEFAULT_CHARSET)
    /* Message body */
14.             );
15.             //发送消息到一个 Broker
16.             SendResult sendResult = producer.send(msg);
17.             //通过 sendResult 返回消息是否成功送达
18.             System.out.printf("% s% n", sendResult);
19.         }
20.         //如果不再发送消息,关闭 Producer 实例
21.         producer.shutdown();
22.     }
23. }
```

（2）异步消息

通过设置回调函数，以异步方式发送消息，异步消息通常用在对响应时间敏感的业务
场景中，即发送端不能容忍长时间地等待 Broker 的响应，代码如下。

```
1.  public class AsyncProducer {
2.      public static void main(String[] args) throws Exception {
3.          //实例化消息生产者 Producer
4.          DefaultMQProducer producer = new DefaultMQProducer("please_rename_
    unique_group_name");
```

```
5.          //设置 NameServer 的地址
6.          producer.setNamesrvAddr("localhost:9876");
7.          //启动 Producer 实例
8.          producer.start();
9.          producer.setRetryTimesWhenSendAsyncFailed(0);
10.
11.         int messageCount = 100;
12.              //根据消息数量实例化倒计时计算器
13.         final CountDownLatch2 countDownLatch = new CountDownLatch2(messageCount);
14.         for (int i = 0; i < messageCount; i++) {
15.              final int index = i;
16.              //创建消息,并指定 Topic、Tag 和消息体
17.              Messagemsg = new Message("TopicTest",
18.                  "TagA",
19.                  "OrderID188",
20.                  "Hello world".getBytes(RemotingHelper.DEFAULT_CHARSET));
21.              //SendCallback 接收异步返回结果的回调
22.              producer.send(msg, new SendCallback() {
23.                  @ Override
24.                  public void onSuccess(SendResult sendResult) {
25.                      System.out.printf("% -10d OK % s % n", index,
26.                          sendResult.getMsgId());
27.                  }
28.                  @ Override
29.                  public void onException(Throwable e) {
30.                    System.out.printf("% -10d Exception % s % n", index, e);
31.                    e.printStackTrace();
32.                  }
33.              });
34.          }
35.          //等待 5s
36.          countDownLatch.await(5, TimeUnit.SECONDS);
37.          //如果不再发送消息,关闭 Producer 实例
38.          producer.shutdown();
39.      }
40. }
```

（3）单向发送消息

使用方法 producer. sendOneway(msg)发送单向消息，这种方式主要用在不特别关心发送结果的场景，如日志发送，代码如下。

```
1.  public class OnewayProducer {
2.     public static void main(String[] args) throws Exception{
3.          //实例化消息生产者 Producer
```

```
4.        DefaultMQProducer producer = new DefaultMQProducer("please_rename_
   unique_group_name");
5.        //设置 NameServer 的地址
6.        producer.setNamesrvAddr("localhost:9876");
7.        //启动 Producer 实例
8.        producer.start();
9.        for (int i = 0; i < 100; i++) {
10.           //创建消息,并指定 Topic、Tag 和消息体
11.           Message msg = new Message("TopicTest" /* Topic */,
12.               "TagA" /* Tag */,
13.               ("HelloRocketMQ " + i).getBytes(RemotingHelper.DEFAULT_CHAR-
   SET) /* Message body */
14.               );
15.           //发送单向消息,没有任何返回结果
16.           producer.sendOneway(msg);
17.
18.        }
19.        //如果不再发送消息,关闭 Producer 实例
20.        producer.shutdown();
21.    }
22. }
```

2. 消费消息

消费消息指的是消息的消费方对生产方发送到 Broker 的消息进行消费处理,基本的消费模式有如下几种。

（1）负载均衡模式

通过设置 consumer. setMessageModel(MessageModel. CLUSTERING),消费者采用负载均衡方式消费消息,多个消费者共同消费队列消息,每个消费者处理的消息不同,代码如下。

```
1.  public static void main(String[] args) throws Exception {
2.      //实例化消息生产者,指定组名
3.      DefaultMQPushConsumer consumer = new DefaultMQPushConsumer("group1");
4.      //指定 Namesrv 地址信息
5.      consumer.setNamesrvAddr("localhost:9876");
6.      //订阅 Topic
7.      consumer.subscribe("Test", "*");
8.      //负载均衡模式消费
9.      consumer.setMessageModel(MessageModel.CLUSTERING);
10.     //注册回调函数,处理消息
11.     consumer.registerMessageListener(new MessageListenerConcurrently() {
12.         @ Override
13.         public ConsumeConcurrentlyStatus consumeMessage (List < MessageExt >
   msgs,
14.         ConsumeConcurrentlyContext context) {
```

```
15.            System.out.printf("%s Receive New Messages: %s %n",
16.                Thread.currentThread().getName(), msgs);
17.            return ConsumeConcurrentlyStatus.CONSUME_SUCCESS;
18.        }
19.    });
20.    //启动消费者
21.    consumer.start();
22.    System.out.printf("Consumer Started.%n");
23. }
```

（2）广播模式

通过设置 consumer. setMessageModel（MessageModel. BROADCASTING），消费者采用广播的方式消费消息，每个消费者消费的消息都是相同的，代码如下。

```
1.  public static void main(String[] args) throws Exception {
2.      //实例化消息生产者,指定组名
3.      DefaultMQPushConsumer consumer = new DefaultMQPushConsumer("group1");
4.      //指定 Namesrv 地址信息
5.      consumer.setNamesrvAddr("localhost:9876");
6.      //订阅 Topic
7.      consumer.subscribe("Test", "*");
8.      //广播模式消费
9.      consumer.setMessageModel(MessageModel.BROADCASTING);
10.     //注册回调函数,处理消息
11.     consumer.registerMessageListener(new MessageListenerConcurrently() {
12.         @Override
13.         public ConsumeConcurrentlyStatus consumeMessage(List<MessageExt>
    msgs,
14.         ConsumeConcurrentlyContext context) {
15.             System.out.printf("%s Receive New Messages: %s %n",
16.                 Thread.currentThread().getName(), msgs);
17.             return ConsumeConcurrentlyStatus.CONSUME_SUCCESS;
18.         }
19.     });
20.     //启动消费者
21.     consumer.start();
22.     System.out.printf("Consumer Started.%n");
23. }
```

6.4.2　顺序消息

在默认的情况下，发送消息时会采取 Round Robin 轮询方式把消息发送到不同的 Queue（分区队列）；而消费消息的时候从多个 Queue 上拉取消息，这种情况下发送和消费是不能

保证顺序的。但是如果控制发送的消息只能依次发送到同一个 Queue 中，消费时只从这个 Queue 上依次拉取，则就保证了顺序。当发送和消费参与的 Queue 只有一个，则是全局有序；如果多个 Queue 参与，则为分区有序，即相对每个 Queue，消息都是有序的。如图 6-11 所示。

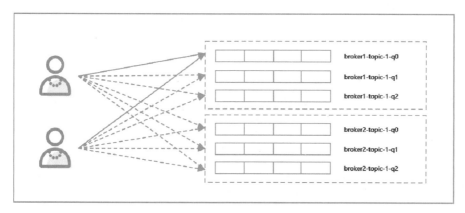

●图 6-11   默认消息发送

下面实现订单消息的分区有序。一个订单的顺序流程是创建、付款、推送、完成。订单号相同的消息会被先后发送到同一个队列中，消费时，同一个 OrderId 的消息肯定在同一个队列中。

应该怎么实现把同一个订单的消息投递到同一条 Queue？可以把订单号和 Queue 的 Size 做取模运算在放到 Selector 中，这样 Selector 就可以保证同一个订单都会投递到同一个 Queue 中。即相同的订单号有相同的模，从而选择相同的 Queue，保证了顺序，如图 6-12 所示，代码如下。

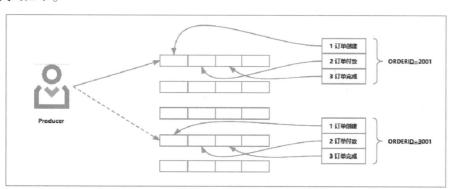

●图 6-12   订单分区有序

```
1.   public class Producer {
2.
3.       public static void main(String[] args) throws Exception {
4.           DefaultMQProducer producer = new DefaultMQProducer("please_rename_
         unique_group_name");
5.
6.           producer.setNamesrvAddr("127.0.0.1:9876");
```

```
7.
8.        producer.start();
9.
10.        String[] tags =new String[]{"TagA", "TagC", "TagD"};
11.
12.        //订单列表
13.        List<OrderStep> orderList = new Producer().buildOrders();
14.
15.        Date date =new Date();
16.        SimpleDateFormat sdf = new SimpleDateFormat("yyyy-MM-dd HH:mm:ss");
17.        String dateStr = sdf.format(date);
18.        for (int i = 0; i < 10; i++) {
19.            //加个时间前缀
20.            String body =dateStr + " Hello RocketMQ " + orderList.get(i);
21.            Message msg =new Message("TopicTest", tags[i % tags.length], "
   KEY" + i, body.getBytes());
22.
23.            SendResult sendResult = producer.send(msg, new MessageQueueSe-
   lector() {
24.                @Override
25.                public MessageQueue select(List<MessageQueue> mqs, Message
   msg, Object arg) {
26.                    Long id = (Long)arg;   //根据订单id选择发送queue
27.                    long index = id % mqs.size();
28.                    return mqs.get((int) index);
29.                }
30.            },orderList.get(i).getOrderId());//订单id
31.
32.            System.out.println(String.format(" SendResult  status:% s,
   queueId:% d, body:% s",
33.            sendResult.getSendStatus(),
34.            sendResult.getMessageQueue().getQueueId(),
35.            body));
36.        }
37.
38.        producer.shutdown();
39.    }
40.  System.out.printf("Consumer Started.% n");
41.
42. }
```

6.4.3　延时消息

在电商项目中，若秒杀订单5 min内未支付，则会取消订单，回滚库存。要实现此功能有以下两个方案。

- 轮询方式，后台启动一个线程，每隔30 s查看订单是否支付，若到达5 min未支付则取消订单，回滚库存。
- 延迟队列，秒杀下单后发送5 min的延迟消息，若监听到消息判断未支付，则取消订单，回滚库存。

两种方案对比：轮询方式效率较低，一般情况下应该使用延迟队列实现。而消息中间件RocketMQ实现延迟消息很方便；而RabbitMQ实现延迟队列还需要用死信队列+TTL完成。

1. 延时消息的使用

RocketMQ延迟队列的核心思路是：所有的延迟消息由Producer发出之后，都会存放到同一个Topic（SCHEDULE_TOPIC_XXXX）下，不同的延迟级别会对应不同的队列序号，当到延迟时间后，由定时线程读取SCHEDULE_TOPIC_XXXX下的相应消息，再存到指定的Topic下，此时消息对于Consumer端才可见，从而被Consumer消费。

注意：RocketMQ不支持任意时间的延时，只支持以下几个固定的延时等级，延时等级定义在MessageStoreConfig类中，代码如下。

```
1.  //org/apache/rocketmq/store/config/MessageStoreConfig.java
2.  private String messageDelayLevel = "1d 5s 10s 30s 1m 2m 3m 4m 5m 6m 7m 8m 9m
    10m 20m 30m 1h 2h";
```

下面代码中设置的延迟等级为3，表示10 s后才能被消费。

```
1.  public class ScheduledMessageProducer {
2.      public static void main(String[] args) throws Exception {
3.          //实例化一个生产者来产生延时消息
4.          DefaultMQProducer producer = new DefaultMQProducer ("ExamplePro-
    ducerGroup");
5.          //启动生产者
6.          producer.start();
7.          int totalMessagesToSend = 100;
8.          for (int i = 0; i < totalMessagesToSend; i++) {
9.              Message message =new Message("TestTopic", ("Hello scheduled mes-
    sage " + i).getBytes());
10.             //设置延时等级为3,这个消息将在10 s之后发送(现在只支持固定的几个时间,
    详见 delayTimeLevel)
11.             message.setDelayTimeLevel(3);
12.             //发送消息
13.             producer.send(message);
14.         }
15.         //关闭生产者
16.         producer.shutdown();
17.     }
18. }
```

2. 修改延时级别

RocketMQ 的延迟等级可以进行修改，以满足用户自己的业务需求，可以修改或添加新的等级。例如，若用户想支持 1d 的延迟，修改最后一个等级的值为 1d，这个时候依然是 18 个等级；也可以增加一个等级"1d"，这个时候总共有 19 个等级。messageDelayLevel 属性的配置如下。

```
1.  messageDelayLevel=120s 5s 10s 30s 1m 2m 3m 4m 5m 6m 7m 8m 9m 10m 20m 30m 1h 2h
    1d
```

测试将延时等级 1 修改成了 120 s，增加延迟等级 19 为 1d。

6.4.4　事务消息

RocketMQ 有特有的事务消息机制，事务消息是其他所有消息中间件（如 RabbitMQ 和 Kafka）所不具备的。

1. 事务消息概述

事务消息可以分为两个流程：正常事务消息的发送及提交流程、事务消息的补偿流程，分别解析如下，如图 6-13 所示。

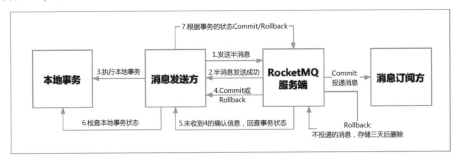

●图 6-13　事务消息

（1）正常事务消息的发送及提交流程

- 发送消息（半消息）。
- 服务端响应消息写入结果。
- 根据发送结果执行本地事务（如果写入失败，此时半消息对业务不可见，本地逻辑不执行）。
- 根据本地事务状态执行 Commit 或 Rollback（Commit 操作生成消息索引，消息对消费者可见）。

（2）事务消息的补偿流程

- 对没有 Commit 或 Rollback 的事务消息（Pending 状态的消息），从服务端发起一次"回查"。
- Producer 收到回查消息，检查回查消息对应的本地事务的状态。
- 根据本地事务的状态，重新 Commit 或 Rollback。

2. 事务消息状态

事务消息共有三种状态，即提交状态、回滚状态和中间状态。

- TransactionStatus. CommitTransaction：提交事务，它允许消费者消费此消息。
- TransactionStatus. RollbackTransaction：回滚事务，它代表该消息将被删除，不允许被消费。
- TransactionStatus. Unknown：中间状态，它代表需要检查消息队列来确定状态。

3. 事务消息的实现

下面通过具体代码实现事务消息，生产方发送三个消息 TagA、TagB 和 TagC。其中，TagA 事务消息发送后，执行本地事务返回状态为 TransactionStatus. CommitTransaction，也就是提交状态；而 TagB 执行后返回 TransactionStatus. RollbackTransaction，即回滚状态；TagC 返回中间状态 TransactionStatus. Unknown。这时因为 TagC 是中间状态，Broker 会发起回查，Producer 的回查方法 checkLocalTransaction 会把 TagC 的状态设置为提交，从而使消费端消费到的消息有两个，分别为 TagA 和 TagC。

（1）发送事务消息

使用 TransactionMQProducer 发送事务消息 TagA、TagB 和 TagC，代码如下。

```java
1.  public class Producer {
2.      public static void main(String[] args) throws MQClientException, InterruptedException {
3.          //创建事务监听器
4.          TransactionListener transactionListener = new TransactionListenerImpl();
5.          //创建消息生产者
6.          TransactionMQProducer producer =new TransactionMQProducer("group6");
7.          producer.setNamesrvAddr("192.168.25.135:9876;192.168.25.138:9876");
8.          //生产者设置监听器
9.          producer.setTransactionListener(transactionListener);
10.         //启动消息生产者
11.         producer.start();
12.         String[] tags =new String[]{"TagA", "TagB", "TagC"};
13.         for (int i = 0; i < 3; i++) {
14.             try {
15.                 Message msg = new Message ( " TransactionTopic ", tags [i % tags.length], "KEY" + i,
16.                     ("HelloRocketMQ"+i).getBytes(RemotingHelper.DEFAULT_CHARSET));
17.                 SendResult sendResult = producer.sendMessageInTransaction(msg, null );
18.                 System.out.printf("% s% n", sendResult);
19.                 TimeUnit.SECONDS.sleep(1);
20.             }catch (MQClientException |UnsupportedEncodingException e) {
21.                 e.printStackTrace();
22.             }
23.         }
24.         //producer.shutdown();
25.     }
26. }
```

　　TransactionListenerImpl 用来设置事务消息的回调函数。当发送半消息成功时，使用 executeLocalTransaction 方法来执行本地事务，它会返回事务的状态。checkLocalTranscation 方法用于检查本地事务的状态，并回应消息队列的检查请求，它也是返回事务的状态。代码如下。

```
1.  public class TransactionListenerImpl implements TransactionListener {
2.
3.      @ Override
4.      public LocalTransactionState executeLocalTransaction(Message msg, Ob-
    ject arg) {
5.          System.out.println("执行本地事务");
6.          if (StringUtils.equals("TagA", msg.getTags())) {
7.              return LocalTransactionState.COMMIT_MESSAGE;
8.          }else if (StringUtils.equals("TagB", msg.getTags())) {
9.              return LocalTransactionState.ROLLBACK_MESSAGE;
10.         }else {
11.             return LocalTransactionState.UNKNOW;
12.         }
13.
14.     }
15.
16.     @ Override
17.     public LocalTransactionState checkLocalTransaction(MessageExt msg) {
18.         System.out.println("MQ 检查消息 Tag【"+msg.getTags()+"]的本地事务执行
    结果");
19.         return LocalTransactionState.COMMIT_MESSAGE;
20.     }
21. }
```

（2）事务消息使用限制

- 事务消息不支持延时消息和批量消息。
- 为了避免单个消息被检查太多次而导致队列消息累积，默认将单个消息的检查次数限制为 15 次，但是用户可以通过 Broker 配置文件的 transactionCheckMax 参数来修改此限制。如果已经检查某条消息超过 N 次（N＝transactionCheckMax），则 Broker 将丢弃此消息，并在默认情况下同时打印错误日志。用户可以通过重写 AbstractTransactionCheckListener 类来修改这个行为。
- Broker 配置文件中的参数 transactionMsgTimeout 指定了事务消息的回查时间。当发送事务消息时，用户还可以通过设置用户属性 CHECKIMMUNITYTIMEINSECONDS 来改变这个限制，该参数优先于 transactionMsgTimeout 参数。
- 事务性消息可能不止一次被检查或消费，需要保证幂等性。
- 提交给用户的目标主题消息可能会失败，这依日志的记录而定。它的高可用性通过 RocketMQ 本身的高可用性机制来保证，如果希望确保事务消息不丢失并且事务的完整性得到保证，建议使用同步的双重写入机制。

- 事务消息的生产者 ID 不能与其他类型消息的生产者 ID 共享。与其他类型的消息不同，事务消息允许反向查询，MQ 服务器能通过它们的生产者 ID 查询消费者。

6.5

6.5 高级特性

本节主要介绍 RocketMQ 的消息存储机制、RocketMQ 在各个部分如何实现高可用和 RocketMQ 的消息重试机制。

6.5.1 消息存储

RocketMQ 采用的是混合型的存储结构，即 Broker 单个实例下所有的队列共用一个日志数据文件（CommitLog）来存储。而 Kafka 采用的是独立型的存储结构，每个队列一个文件。RocketMQ 采用混合型存储结构的缺点在于会存在较多的随机读操作，因此读的效率偏低。同时消费消息需要依赖 ConsumeQueue，构建该逻辑消费队列需要一定开销。RocketMQ 的消息存储结构如图 6-14 所示。

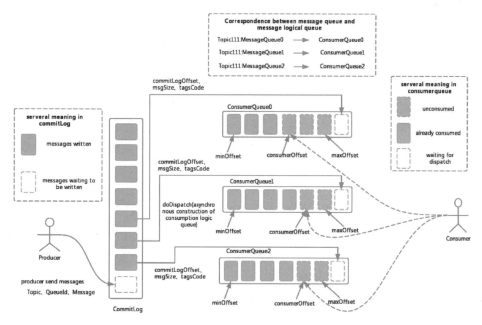

●图 6-14 RocketMQ 的消息存储结构图

1. RocketMQ 的消息存储结构

下面分别介绍 RocketMQ 消息存储的各个部分。

（1）CommitLog

消息主体以及元数据的存储主体，存储 Producer 端写入的消息主体内容，消息内容不是定长的。单个文件大小默认为 1G，文件名长度为 20 位，左边补零，剩余为起始偏移量，比如，00000000000000000000 代表第一个文件，起始偏移量为 0，文件大小为 1G（即

1 073 741 824）；当第一个文件写满时，第二个文件为00000000001073741824，起始偏移量为1 073 741 824，以此类推。消息主要是顺序写入日志文件，当文件写满时，便写入下一个文件。

（2）ConsumeQueue

引入消息消费队列的主要目的是提高消息消费的性能，由于 RocketMQ 是基于主题（Topic）的订阅模式，消息消费是针对主题进行的，如果要遍历 CommitLog 文件，根据 Topic 检索消息是非常低效的。Consumer 可以根据 ConsumeQueue 来查找待消费的消息。其中，ConsumeQueue（逻辑消费队列）作为消费消息的索引，保存了指定 Topic 下的队列消息在 CommitLog 中的起始物理偏移量 offset、消息大小 size 和消息 Tag 的 HashCode 值。ConsumeQueue 文件可以看成是基于 Topic 的 CommitLog 索引文件，所以 ConsumeQueue 文件夹的组织方式为 Topic/Queue/File 三层组织结构，具体存储路径为 $HOME/store/consumequeue/{topic}/{queueId}/{fileName}。同样，ConsumeQueue 文件采取定长设计，每一个条目共20个字节，分别为8字节的 CommitLog 物理偏移量、4字节的消息长度、8字节 Tag HashCode，单个文件由30万个条目组成，可以像数组一样随机访问每一个条目，每个 ConsumeQueue 文件大小约5.72M。

（3）IndexFile

IndexFile（索引文件）提供了一种可以通过 Key 或时间区间来查询消息的方法。Index 文件的存储位置是 $HOME\store\index ${fileName}，文件名（FileName）是以创建时的时间戳命名的，固定的单个 IndexFile 文件大小约为400M，一个 IndexFile 可以保存2000万个索引，IndexFile 的底层存储设计为在文件系统中实现 HashMap 结构，所以 RocketMQ 的索引文件的底层实现为 Hash 索引。

从 RocketMQ 的消息存储结构图可以看出，RocketMQ 采用的是混合型的存储结构。RocketMQ 的混合型存储结构（多个 Topic 的消息实体内容都存储于一个 CommitLog 中）针对 Producer 和 Consumer 分别采用了数据和索引部分相分离的存储结构，Producer 发送消息至 Broker 端，然后 Broker 端使用同步或者异步的方式对消息刷盘持久化，保存至 CommitLog 中。只要消息被刷盘持久化至磁盘文件 CommitLog 中，Producer 发送的消息就不会丢失。因此，Consumer 也就肯定有机会去消费这条消息。当无法拉取到消息时，可以等下一次消息拉取，同时服务端也支持长轮询模式，如果一个消息拉取请求未拉取到消息，Broker 允许等待30 s，只要这段时间内有新消息到达，将直接返回给消费端。这里，RocketMQ 的具体做法是，使用 Broker 端的后台服务线程 ReputMessageService 不停地分发请求并异步构建 ConsumeQueue（逻辑消费队列）和 IndexFile（索引文件）数据。

（4）页缓存与内存映射

页缓存（PageCache）是 OS（操作系统）对文件的缓存，用于加速对文件的读写。一般来说，程序对文件进行顺序读写的速度几乎接近于内存的读写速度，主要原因就是 OS 使用 PageCache 机制对读写访问操作进行了性能优化，将一部分的内存用作 PageCache。对于数据的写入，OS 会先写入 Cache 内，随后通过异步的方式由 pdflush 内核线程将 Cache 内的数据刷盘至物理磁盘上。对于数据的读取，如果一次读取文件时出现未命中 PageCache 的情况，则 OS 会在从物理磁盘上访问读取文件的同时，顺序地对其他相邻块的数据文件进行预读取。

在 RocketMQ 中，ConsumeQueue（逻辑消费队列）存储的数据较少，并且是顺序读取，在 PageCache 机制的预读取作用下，ConsumeQueue 文件的读性能几乎接近读内存，即使在有消息堆积的情况下也不会影响性能。而对于 CommitLog 消息存储的日志数据文件来说，读取消息内容时会产生较多的随机访问读取，严重影响性能。如果选择合适的系统 IO 调度算法（如设置调度算法为"Deadline"，此时块存储采用 SSD），随机读的性能也会有所提升。

另外，RocketMQ 主要通过 MappedByteBuffer 对文件进行读写操作。其中，利用了 NIO 中的 FileChannel 模型将磁盘上的物理文件直接映射到用户态的内存地址中（这种 mmap 的方式减少了传统 IO 将磁盘文件数据在操作系统内核地址空间的缓冲区和用户应用程序地址空间的缓冲区之间来回复制的性能开销），将对文件的操作转化为直接对内存地址的操作，从而极大地提高了文件的读写效率（因为需要使用内存映射机制，所以 RocketMQ 的文件存储都使用定长结构，方便一次将整个文件映射至内存）。

2. 消息刷盘

消息刷盘分为同步刷盘和异步刷盘两种方式，指定消息是否真正持久化到 Broker 磁盘后才给 Producer 反馈，如图 6-15 所示。

（1）同步刷盘

如图 6-15a 所示，同步刷盘只有在消息真正持久化至磁盘后 RocketMQ 的 Broker 端才会真正返回给 Producer 端一个成功的 ACK 响应。同步刷盘对 MQ 的消息可靠性来说是一种不错的保障，但是在性能上会有较大影响，一般适用于金融业务。

（2）异步刷盘

如图 6-15b 所示，异步刷盘能够充分利用 OS 的 PageCache 的优势，只要消息写入 PageCache，即可将成功的 ACK 返回给 Producer 端。消息刷盘采用后台异步线程提交的方式进行，降低了读写延迟，提高了 MQ 的性能和吞吐量。

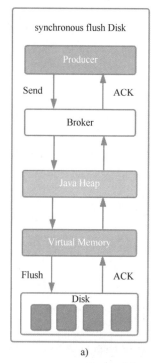
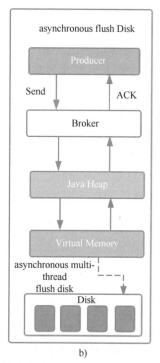

●图 6-15　消息刷盘

6.5.2 高可用性机制

RocketMQ 分布式集群是通过 Master 和 Slave 的配合达到高可用性的，如图 6-16 所示。下面分别介绍消费端和生产端的高可用机制。

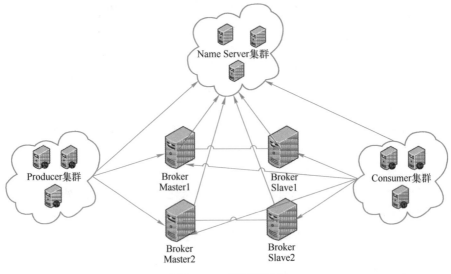

●图 6-16 高可用机制

1. 消息消费高可用

在 Consumer 的配置文件中，并不需要设置是从 Master 读还是从 Slave 读，当 Master 不可用或者繁忙时，Consumer 会被自动切换到从 Slave 读。有了自动切换 Consumer 这种机制，当一个 Master 角色的机器出现故障后，Consumer 仍然可以从 Slave 读取消息，不会影响 Consumer 程序，这就达到了消费端的高可用性。

2. 消息发送高可用

在创建 Topic 时，把 Topic 的多个 MessageQueue 创建在多个 Broker 组上（相同 Broker 名称，不同 BrokerId 的机器组成一个 Broker 组），这样当一个 Broker 组的 Master 不可用时，其他组的 Master 仍然可用，Producer 仍然可以发送消息。RocketMQ 目前还不支持把 Slave 自动转成 Master，如果机器资源不足，需要把 Slave 转成 Master，则要手动停止 Slave 角色的 Broker 并更改配置文件，用新的配置文件启动 Broker。

6.5.3 消息重试

消息队列 RocketMQ 默认允许每条消息最多重试 16 次，每次重试的间隔时间见表 6-3。

如果消息重试 16 次后仍然失败，消息将不再投递。如果严格按照表 6-3 的重试时间间隔计算，某条消息在一直消费失败的前提下，将会在接下来的 4 h 46 min 内进行 16 次重试，超过这个时间范围消息将不再重试投递。一条消息无论重试多少次，这些重试消息的 MessageID 都不会改变。

表6-3　消息队列 RocketMQ 重试次数

第几次重试	与上次重试的间隔时间	第几次重试	与上次重试的间隔时间
1	10 s	9	7 min
2	30 s	10	8 min
3	1 min	11	9 min
4	2 min	12	10 min
5	3 min	13	20 min
6	4 min	14	30 min
7	5 min	15	1 h
8	6 min	16	2 h

消息队列 RocketMQ 允许 Consumer 启动时设置最大重试次数，重试时间间隔将按照如下策略。

- 最大重试次数小于或等于 16 次，则重试时间间隔同上表描述。
- 最大重试次数大于 16 次，超过 16 次的重试时间间隔均为每次 2 h。

更改消息重试，此时代码如下。

```
1.  Properties properties =new Properties();
2.  //配置对应 Group ID 的最大消息重试次数为 20 次
3.  properties.put(PropertyKeyConst.MaxReconsumeTimes,"20");
4.  Consumer consumer =ONSFactory.createConsumer(properties);
```

消费者收到消息后，可以按照如下方式获取消息的重试次数，代码如下。

```
1.  public class MessageListenerImpl implements MessageListener {
2.      @ Override
3.      public Action consume(Message message, ConsumeContext context) {
4.          //获取消息的重试次数
5.          System.out.println(message.getReconsumeTimes());
6.          return Action.CommitMessage;
7.      }
8.  }
```

第 7 章

Spring Cloud Alibaba 在电商项目中的应用

为了更好地学习和巩固 Spring Cloud Alibaba 相关技术栈，理解微服务分布式架构，下面使用 Spring Cloud Alibaba 基于前后单分离架构实现一个电商项目，从而更好地掌握 Spring Cloud Alibaba 技术栈。

7.1 项目背景

7.1

乐购商城属于 B2C 电商模式，运营商将自己的产品发布到网站上，会员注册后，在网站上将商品添加到购物车，下单并完成线上支付，用户还可以参与秒杀抢购。

项目由业务集群系统、后台管理系统和前台门户系统构成，打通了分布式开发及全栈开发全部的技能点，包含前后端分离全栈开发、RESTful 接口、Vue 和 iView、Spring Security OAuth 2、秒杀高并发方案、分布式锁、分布式事务、网关、服务注册发现、配置中心、熔断、限流、降级、性能监控、压力测试等技能点。

7.2 电商项目技术架构

7.2

项目采用前后端分离架构开发，前端技术栈包括 Vue 和 iView 等技术，后端技术栈包括 Spring Cloud Alibaba、Spring Cloud Gateway、MyBatis–Plus、ElasticSearch、Redis、Spring–Security OAuth 2 等，前端通过 REST API 调用后端服务，前后端通过 Swagger 生成的 API 文档进行业务的协调和沟通。前后端分离架构示意图如图 7-1 所示。

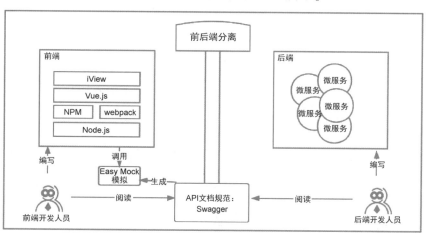

●图 7-1　前后端分离架构示意图

7.3 电商项目实现

7.3.1　　　7.3.2　　　7.3.3　　　7.3.4

下面使用 Spring Cloud Alibaba 技术栈以及其他后端技术栈来实现电商项目，这里重点关注后端技术栈 Spring Cloud Alibaba、Spring Cloud Gateway 和 Spring Security OAuth 2 等技术在项目中的使用。

7.3.1 版本说明

Spring Cloud Alibaba、Spring Cloud 和 Spring Boot 官方推荐的版本对应关系见表 7-1 。

表 7-1 版本对应关系

Spring Cloud 版本	Spring Cloud Alibaba 版本	Spring Boot 版本
Spring Cloud Hoxton. SR8	2. 2. 5. RELEASE	2. 3. 2. RELEASE
Spring Cloud Greenwich. SR6	2. 1. 3. RELEASE	2. 1. 13. RELEASE
Spring Cloud Hoxton. SR3	2. 2. 1. RELEASE	2. 2. 5. RELEASE
Spring Cloud Hoxton. RELEASE	2. 2. 0. RELEASE	2. 2. X. RELEASE
Spring Cloud Greenwich	2. 1. 2. RELEASE	2. 1. X. RELEASE
Spring Cloud Finchley	2. 0. 3. RELEASE	2. 0. X. RELEASE
Spring Cloud Edgware	1. 5. 1. RELEASE（停止维护，建议升级）	1. 5. X. RELEASE

商城项目采用的版本如下。
- Spring Cloud Hoxton. SR8。
- Spring Cloud Alibaba 2. 2. 5. RELEASE。
- Spring Boot 2. 3. 2. RELEASE。

7.3.2 项目结构

1. 项目结构

下面通过实现商城项目品牌管理业务微服务，学习并应用相关技术、组件和 Spring Cloud Alibaba 框架，其他业务读者可以参考本章视频学习。下面介绍每个模块的具体作用，如图 7-2 所示。
- legou-parent：商城父工程，聚合管理其他子工程。
- auth-center：基于 Spring Security OAuth 2 实现认证和授权。
- gateway：微服务网关。
- legou-admin：组织机构管理微服务。
- legou-canal：监听 MySQL 日志变化以及消费监听到的变化数据。
- legou-common：商城工具类。
- legou-core：商城的基类工程。
- legou-item：商品品牌微服务。
- legou-order：订单微服务。
- legou-page：商品详情静态化实现工程。
- legou-search：基于 ElasticSearch 搜索微服务工程。
- legou-seckill：秒杀业务微服务。

```
  ▼  📦 legou-parent  E:\work\kaikeba\0_lxs\10_xzk_shopping_v2\project\legou-parent
      ▶  📦 auth-center
      ▶  📦 config-repo
      ▶  📦 gateway
      ▶  📦 legou-admin
      ▶  📦 legou-canal
      ▶  📦 legou-common
      ▶  📦 legou-core
      ▶  📦 legou-item
      ▶  📦 legou-order
      ▶  📦 legou-page
      ▶  📦 legou-pay
      ▶  📦 legou-search
      ▶  📦 legou-seckill
      ▶  📦 legou-security
      ▶  📦 legou-upload
         🍂 .gitignore
         📄 legou-parent.iml
         𝓂 pom.xml
         🔧 README.md
```

●图 7-2 项目结构图

- legou-security：商城 RBAC 权限数据业务微服务工程。
- legou-upload：基于 FastDFS 文件上传的微服务工程。

2. 项目依赖版本说明

在父工程中统一管理版本如下。

- Spring Cloud Hoxton. SR8。
- Spring Cloud Alibaba 2. 2. 5. RELEASE。
- Spring Boot 2. 3. 2. RELEASE。

pom. xml 配置依赖 Spring Cloud Hoxton. SR8、Spring Cloud Alibaba 2. 2. 5 RELEASE 和 Spring Boot 2. 3. 2，代码如下。

```xml
1.   <?xml version = "1.0" encoding = "UTF-8"?>
2.   <project xmlns = "http://maven.apache.org/POM/4.0.0"
3.        xmlns:xsi = "http://www.w3.org/2001/XMLSchema-instance"
4.      xsi: schemaLocation = " http:// maven.apache.org/ POM/ 4.0.0 http://
     maven.apache.org/xsd/maven-4.0.0.xsd">
5.      <modelVersion>4.0.0</modelVersion>
6.
7.      <groupId>com.lxs </groupId>
8.      <artifactId>legou-parent </artifactId>
9.      <version>1.0-SNAPSHOT </version>
10.     <modules>
11.        <module>auth-center </module>
12.        <module>legou-core </module>
13.        <module>legou-admin </module>
14.        <module>gateway </module>
15.        <module>legou-security </module>
16.        <module>legou-upload </module>
17.        <module>legou-item </module>
18.        <module>legou-search </module>
```

```
19.        <module>legou-common </module>
20.        <module>legou-canal </module>
21.        <module>legou-page </module>
22.        <module>legou-order </module>
23.        <module>legou-pay </module>
24.        <module>legou-seckill </module>
25.
26.    </modules>
27.
28.    <packaging>pom </packaging>
29.
30.    <parent>
31.        <groupId>org.springframework.boot </groupId>
32.        <artifactId>spring-boot-starter-parent </artifactId>
33.        <version>2.3.2.RELEASE </version>
34.        <relativePath/><!-- lookup parent from repository -->
35.    </parent>
36.
37.    <properties>
38.        <java.version>1.8</java.version>
39.        <alibaba-cloud.version>2.2.5.RELEASE </alibaba-cloud.version>
40.        <springcloud.version>Hoxton.SR8</springcloud.version>
41.    </properties>
42.
43.    <dependencyManagement>
44.        <dependencies>
45.            <dependency>
46.                <groupId>org.springframework.cloud </groupId>
47.                <artifactId>spring-cloud-dependencies </artifactId>
48.                <version>${springcloud.version}</version>
49.                <type>pom </type>
50.                <scope>import </scope>
51.            </dependency>
52.
53.            <dependency>
54.                <groupId>com.alibaba.cloud </groupId>
55.                <artifactId>spring-cloud-alibaba-dependencies </artifactId>
56.                <version>${alibaba-cloud.version}</version>
57.                <type>pom </type>
58.                <scope>import </scope>
59.            </dependency>
60.        </dependencies>
61.    </dependencyManagement>
62.
63.    <dependencies>
```

```
64.          <dependency>
65.              <groupId>org.apache.commons </groupId>
66.              <artifactId>commons-lang3</artifactId>
67.              <version>3.9</version>
68.          </dependency>
69.      </dependencies>
70.
71.      <build>
72.          <plugins>
73.              <plugin>
74.                  <groupId>org.springframework.boot </groupId>
75.                  <artifactId>spring-boot-maven-plugin </artifactId>
76.              </plugin>
77.          </plugins>
78.      </build>
79.
80.
81.  </project>
```

7.3.3　Nacos 配置文件管理

项目的配置文件分为两类，第一类具体的微服务配置文件（如 bootstrap. yaml 和 application. yaml）配置了微服务实例名和连接 Nacos 配置中心的配置文件；第二类包括可重用配置和微服务的具体配置，并将其放到 Nacos 配置中心管理。

1. 微服务工程中的配置文件

在具体微服务工程中，以 legou-admin 组织机构微服务工程为例，为了能够定位 Nacos 配置中心的 Data ID，具体微服务工程中配置如图 7-3 所示。

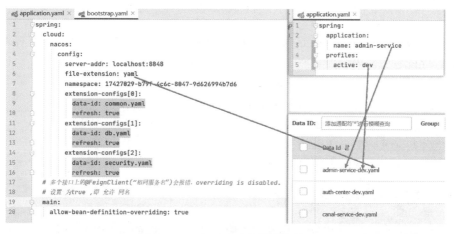

●图 7-3　Nacos 配置文件对应关系

其中，application. yaml 配置文件配置如下。

```
1.  spring:
2.    application:
3.      name: admin-service
4.    profiles:
5.      active: dev
```

bootstrap. yaml 配置文件如下。

```
1.  spring:
2.    cloud:
3.      nacos:
4.        config:
5.          server-addr: localhost:8848
6.          file-extension:yaml
7.          namespace: 17427029-b79f-4c6c-8047-9d626994b7d6
8.          extension-configs[0]:
9.            data-id:common.yaml
10.           refresh: true
11.         extension-configs[1]:
12.           data-id:db.yaml
13.           refresh: true
14.         extension-configs[2]:
15.           data-id:security.yaml
16.           refresh: true
17.    main:
18.      allow-bean-definition-overriding: true
```

2. Nacos 中的配置

按照 Nacos 对配置的重用和拆分策略，配置文件拆分如下，首先是所有微服务工程都需要重用的配置文件。

（1）配置文件 common. yaml

所有微服务工程都需要扩展导入这个配置文件，所以这里单独使用一个配置 Data ID，以便重用，此配置主要内容如下。

- Nacos 注册中心配置 spring. cloud. nacos. discovery. *。
- Sentinel 熔断降级配置 spring. cloud. sentinel. *。
- Sentinel 对于 OpenFeign 的支持 feign. sentinel. enabled＝true。
- 其他公共配置，如 Jackson、日志等。

common. yaml 配置文件代码如下。

```
1.  spring:
2.    cloud:
3.      nacos:
4.        discovery:
```

```
5.          server-addr: http://localhost:8848
6.          namespace: 17427029-b79f-4c6c-8047-9d626994b7d6
7.       sentinel:
8.          transport:
9.             dashboard: localhost:8080
10.              port: 8719
11.    jackson:
12.       default-property-inclusion: always
13.       date-format:yyyy-MM-dd
14.       time-zone: GMT+8
15.    main:
16.       allow-bean-definition-overriding: true
17.
18.  feign:
19.    sentinel:
20.       enabled: true
21.
22.  logging:
23.    #file: demo.log
24.    pattern:
25.       console: "% d - % msg% n"
26.    level:
27.       org.springframework.web: debug
28.       com.lxs: debug
```

（2）配置文件 db. yaml

此配置文件配置需要连接数据库的微服务工程的公共配置。

● datasource 配置。

● mybatis-plus 配置。

db. yaml 代码如下。

```
1.  spring:
2.    datasource:
3.        url: jdbc: mysql:// 192.168.220.110: 3306/ legou? characterEncoding =
    utf8&characterSetResults =utf8&autoReconnect =true&failOverReadOnly =false
4.      username: root
5.      password: root
6.      driver-class-name:com.mysql.jdbc.Driver
7.      hikari:
8.        idle-timeout: 60000
9.        maximum-pool-size: 30
10.        minimum-idle: 10
11.
```

```
12. mybatis-plus:
13.   mapper-locations: classpath * :mybatis/* /* .xml
14.   type-aliases-package:com.lxs.legou. * .po
15.   configuration:
16.     #下划线驼峰转换
17.     map-underscore-to-camel-case: true
18.     lazy-loading-enabled: true
19.     aggressive-lazy-loading: false
```

（3）配置文件 security. yaml

配置 Spring Security OAuth 2 公钥验签地址，后文学习 Spring Security OAuth 2 时会使用，具体配置如下。

```
1.  security:
2.    oauth2:
3.      resource:
4.        jwt:
5.          key-uri: http://localhost:9098/oauth/token_key
```

7.3.4 乐购商城基类

legou-core 中定义类商城项目所用到的所有基类主要基于 Mybatis-plus 实现，通过泛化类型参数传递，继承多态和模板模式的使用，真正做到重复 CRUD 操作，0 代码实现。使用基类，具体业务（如品牌管理的 Dao、Service、Controller 组件）就不需要再重复地写 CRUD 方法了，后续扩展业务可以真正做到 0 代码开发，具体业务逻辑如下。

1. 实体类基类

实体类基类统一管理 ID 属性，这样后续所有实体类都可以继承此类，就不用再写 ID 属性便可实现重用和多态的效果，代码如下。

```
1.  package com.lxs.legou.core.po;
2.
3.  import com.baomidou.mybatisplus.annotation.IdType;
4.  import com.baomidou.mybatisplus.annotation.TableId;
5.  import com.fasterxml.jackson.annotation.JsonIgnoreProperties;
6.  import lombok.Data;
7.
8.  import java.io.Serializable;
9.
10. @Data
11. @JsonIgnoreProperties(value = {"handler"})
12. public abstract class BaseEntity implements Serializable {
13.
```

```
14.     /**
15.      * 实体编号(唯一标识)
16.      */
17.     @TableId(value = "id_", type = IdType.AUTO)
18.     protected Long id;
19.
20. }
```

2. Dao 基类

品牌和其他微服务通过继承 ICrudDao 基类，而 ICrudDao 又继承 BaseMapper 实现 CRUD 代码重用的效果，其中，selectByPage 方法作为 Service 调用的分页查询方法，可以在 Mapper 配置文件中扩展和自定义，代码如下。

```
1.  package com.lxs.legou.core.dao;
2.
3.  import com.baomidou.mybatisplus.core.mapper.BaseMapper;
4.  import com.lxs.legou.core.po.BaseEntity;
5.
6.  import java.util.List;
7.
8.  public interface ICrudDao<T extends BaseEntity> extends BaseMapper<T> {
9.
10.     /**
11.      * 一般要用动态 sql 语句查询
12.      * @param entity
13.      * @return
14.      */
15.     public List<T> selectByPage(T entity);
16.
17. }
```

3. Service 基类

品牌和其他微服务通过继承 ICrudService 基类，而 ICrudService 又继承 IService 实现 CRUD 代码重用的效果，其中，listPage 和 list 方法作为 BaseController 调用的分页查询方法和查询所有的方法，可以自定义扩展，代码如下。

```
1.  package com.lxs.legou.core.service;
2.
3.  import com.baomidou.mybatisplus.extension.service.IService;
4.  import com.github.pagehelper.PageInfo;
5.  import com.lxs.legou.core.po.BaseEntity;
6.
7.  import java.util.List;
8.
```

```
9.  public interface ICrudService<T extends BaseEntity> extends IService<T> {
10.
11.     public PageInfo<T> listPage(T entity, int pageNum, int pageSize);
12.
13.     public List<T> list(T entity);
14.
15. }
```

Service 基类的具体实现类的分页查询使用 PageHelper 插件的分页方法，代码如下。

```
1.  package com.lxs.legou.core.service.impl;
2.
3.  import com.baomidou.mybatisplus.core.toolkit.Wrappers;
4.  import com.baomidou.mybatisplus.extension.service.impl.ServiceImpl;
5.  import com.github.pagehelper.PageHelper;
6.  import com.github.pagehelper.PageInfo;
7.  import com.lxs.legou.core.dao.ICrudDao;
8.  import com.lxs.legou.core.po.BaseEntity;
9.  import com.lxs.legou.core.service.ICrudService;
10.
11. import java.util.List;
12.
13. public class CrudServiceImpl < T extends BaseEntity > extends ServiceImpl
    <ICrudDao<T>, T> implements ICrudService<T> {
14.
15.     @VOverride
16.     public PageInfo<T> listPage(T entity, int pageNum, int pageSize) {
17.         return PageHelper.startPage(pageNum, pageSize).doSelectPageInfo(()
    -> {
18.             baseMapper.selectByPage(entity);
19.         });
20.     }
21.
22.     @Override
23.     public List<T> list(T entity) {
24.         return getBaseMapper().selectList(Wrappers.emptyWrapper());
25.     }
26.
27. }
```

因为项目使用 PageHelper 分页，因此需要配置 PageHelper 分页插件，代码如下。

```
1.  @Configuration
2.  @MapperScan("com.lxs.legou.admin.dao")
```

```
3.  public class MybatisPlusConfig {
4.
5.      /**
6.       * 分页插件
7.       */
8.      @Bean
9.      public PaginationInterceptor paginationInterceptor() {
10.         //开启 count 的 join 优化,只针对 left join
11.         return new PaginationInterceptor().setCountSqlParser(new JsqlParser-
    CountOptimize(true));
12.     }
13.
14.
15. }
```

4. Controller 基类

品牌和其他微服务通过继承 BaseController 基类，使得具体微服务就不用再重复地编写 CRUD 代码了，但是具体映射地址需要约定一致，也就是"约定大于配置"，如分页的映射为 /list-page，代码如下。

```
1.  package com.lxs.legou.core.controller;
2.
3.  import com.baomidou.mybatisplus.core.metadata.IPage;
4.  import com.baomidou.mybatisplus.extension.plugins.pagination.Page;
5.  import com.github.pagehelper.PageInfo;
6.  import com.lxs.legou.core.po.BaseEntity;
7.  import com.lxs.legou.core.po.ResponseBean;
8.  import com.lxs.legou.core.json.JSON;
9.  import com.lxs.legou.core.service.ICrudService;
10. import com.lxs.legou.core.utils.GenericUtil;
11. import io.swagger.annotations.ApiOperation;
12. import org.slf4j.Logger;
13. import org.slf4j.LoggerFactory;
14. import org.springframework.beans.factory.annotation.Autowired;
15. import org.springframework.web.bind.annotation.*;
16.
17. import java.util.List;
18.
19. public abstract class BaseController<S extends ICrudService<T>, T extends
    BaseEntity> {
20.
21.     @Autowired
22.     protected S service;
```

```
23.
24.        protected Logger LOG = LoggerFactory.getLogger(this.getClass());
25.
26.        /**
27.         * 域对象类型
28.         */
29.        protected Class<T> entityClass;
30.
31.        public BaseController() {
32.            this.entityClass=GenericUtil.getSuperGenericClass2(this.getClass());
33.        }
34.
35.        /**
36.         * 加载
37.         *
38.         * @param id
39.         * @return
40.         * @throws Exception
41.         */
42.        @ApiOperation(value="加载", notes="根据ID加载")
43.        @GetMapping("/edit/{id}")
44.        public T edit(@PathVariable Long id) throws Exception {
45.            T entity = service.getById(id);
46.            afterEdit(entity);
47.            return entity;
48.        }
49.
50.        /**
51.         * 分页查询
52.         * @param entity
53.         * @param page
54.         * @param rows
55.         * @return
56.         */
57.        @ApiOperation(value="分页查询", notes="分页查询")
58.        @PostMapping("/list-page")
59.        @JSON(type = BaseEntity.class,filter = "desc") //无效
60.        public PageInfo<T> listPage(T entity,
61.                                @RequestParam(name = "page", defaultValue = "1",
                 required = false) int page,
62.                                @RequestParam(name = "rows", defaultValue = "10",
                 required = false) int rows) {
```

```
63.          PageInfo<T> result = service.listPage(entity, page, rows);
64.          return result;
65.      }
66.
67.      /**
68.       * 根据实体条件查询
69.       * @return
70.       */
71.      @ApiOperation(value="查询", notes="根据实体条件查询")
72.      @RequestMapping(value = "/list", method = {RequestMethod.POST, Reque-
    stMethod.GET})
73.      @JSON(type = BaseEntity.class ,filter = "desc")
74.      public List<T> list(T entity) {
75.          List<T> list =service.list(entity);
76.          return list;
77.      }
78.
79.      /**
80.       * 增加,修改
81.       */
82.      @ApiOperation(value="保存", notes="ID存在修改,不存在添加")
83.      @PostMapping("/save")
84.      public ResponseBean save(T entity) throws Exception {
85.          ResponseBean rm = new ResponseBean();
86.          try {
87.              beforeSave(entity); //保存前处理实体类
88.              service.saveOrUpdate(entity);
89.              rm.setModel(entity);
90.          }catch (Exception e) {
91.              e.printStackTrace();
92.              rm.setSuccess(false);
93.              rm.setMsg("保存失败");
94.          }
95.          return rm;
96.      }
97.
98.      /**
99.       * 删除
100.      */
101.     @ApiOperation(value="删除", notes="根据ID删除")
102.     @GetMapping("/delete/{id}")
103.     public ResponseBean delete(@PathVariable Long id) throws Exception {
```

```
104.        ResponseBean rm = new ResponseBean();
105.        try {
106.            service.removeById(id);
107.            rm.setModel(null);
108.        }catch (Exception e) {
109.            e.printStackTrace();
110.            rm.setSuccess(false);
111.            rm.setMsg("保存失败");
112.        }
113.        return rm;
114.    }
115.
116.    /**
117.     * 批量删除
118.     */
119.    @ApiOperation(value="删除", notes="批量删除")
120.    @RequestMapping(value = "/delete", method = {RequestMethod.POST, RequestMethod.GET})
121.    public ResponseBean delete(@RequestParam List<Long> ids) {
122.        ResponseBean rm = new ResponseBean();
123.        try {
124.            service.removeByIds(ids);
125.        }catch (Exception e) {
126.            e.printStackTrace();
127.            rm.setMsg("删除失败");
128.            rm.setSuccess(false);
129.        }
130.        return rm;
131.    }
132.
133.    /**
134.     * 保存前执行
135.     * @param entity
136.     * @throws Exception
137.     */
138.    public void beforeSave(T entity) throws Exception {
139.    }
140.
141.    /**
142.     * 模板方法:在加载后执行
143.     * @param entity
144.     */
```

```
145.    public void afterEdit(T entity) {
146.
147.    }
148.
149.}
```

7.3.5 品牌管理业务实现

有了上面的基类的定义，具体的业务微服务基本可以做到 0 代码开发（如品牌微服务），项目中的其他业务参考本章视频，下面是品牌微服务的具体实现。

1. 实体类

品牌实体类继承 BaseEntity 实体类，可以重用基类定义的 ID 属性，代码如下。

```
1.  package com.lxs.legou.item.po;
2.
3.  import com.baomidou.mybatisplus.annotation.TableField;
4.  import com.baomidou.mybatisplus.annotation.TableName;
5.  import com.lxs.legou.core.po.BaseEntity;
6.  import lombok.Data;
7.
8.  /**
9.   * @file 品牌
10.  * @Copyright (C) http://www.lxs.com
11.  * @author lxs
12.  * @email lxosng77@163.com
13.  * @date 2018/7/13
14.  */
15. @Data
16. @TableName("brand_")
17. public class Brand extends BaseEntity {
18.
19.     @TableField("name_")
20.     private String name;        //名称
21.     @TableField("image_")
22.     private String image;       //图片
23.     @TableField("letter_")
24.     private String letter;      //首字母
25.
26.     @TableField(exist = false)
27.     private Long[] categoryIds;  //瞬时属性,品牌的所属分类如[1,2,3,4]
```

```
28.
29. }
```

2. 品牌 Dao

通过继承基类，品牌 Dao 就不需要再写重复的 CRUD 方法了，代码如下。

```
1.  package com.lxs.legou.item.dao;
2.
3.  import com.lxs.legou.core.dao.ICrudDao;
4.  import com.lxs.legou.item.po.Brand;
5.  import com.lxs.legou.item.po.Category;
6.  import org.apache.ibatis.annotations.Param;
7.
8.  import java.util.List;
9.
10. /**
11.  * @Title:商品 Dao
12.  * @Description:
13.  *
14.  * @Copyright 2019lxs - Powered By 雪松
15.  * @Author:lxs
16.  * @Date: 2019/10/9
17.  * @Version V1.0
18.  */
19. public interface BrandDao extends ICrudDao<Brand> {
20.
21. }
```

如果需要扩展标准 CRUD 的操作（比如，扩展动态 SQL 语句查询），以及使用 MyBatis 多对一映射扩展品牌和所属分类的关系，可以在映射文件中对查询方法进行扩展，代码如下。

```
1.  <?xml version="1.0" encoding="UTF-8" ?>
2.  <!DOCTYPE mapper PUBLIC "-//mybatis.org//DTD Mapper 3.0//EN" "http://myba-
    tis.org/dtd/mybatis-3-mapper.dtd">
3.  <mapper namespace="com.lxs.legou.item.dao.BrandDao">
4.
5.      <select id="selectByPage" resultType="Brand">
6.          select
7.              *
8.          from
9.              brand_
10.         <where>
11.         <if test="name != null and name != "">
```

```
12.            and name_ like'% $ {name}% '
13.        </if >
14.        </where>
15.    </select>
16.
17.    <delete id = "deleteCategoryByBrand">
18.        delete from
19.            category_brand_
20.        where
21.            brand_id_ = #{id}
22.    </delete>
23.
24.    <insert id = "insertCategoryAndBrand">
25.        insert intocategory_brand_(
26.            category_id_,
27.            brand_id_
28.        ) values(
29.            #{categoryId},
30.            #{brandId}
31.        )
32.    </insert>
33.
34.    <select id = "selectCategoryByBrand" resultType = "Category">
35.        select
36.            a.id_ AS"id",
37.            a.title_ AS "title",
38.            a.order_ AS "order",
39.            a.parent_id_AS "parentId"
40.        from
41.            category_ a
42.            LEFT JOIN category_brand_ b ON b.category_id_ = a.id_
43.            LEFT JOIN brand_ c ON c.id_ =b.brand_id_
44.        where
45.            c.id_ = #{id}
46.    </select>
47.
48. </mapper>
```

3. 品牌 Service

同样，通过继承基类，品牌 Service 也不需要写具体的 CRUD 方法了，代码如下。

```
1.   package com.lxs.legou.item.service.impl;
2.
```

```
3.   import com.baomidou.mybatisplus.core.conditions.query.QueryWrapper;
4.   import com.baomidou.mybatisplus.core.toolkit.Wrappers;
5.   import com.lxs.legou.core.service.impl.CrudServiceImpl;
6.   import com.lxs.legou.item.dao.BrandDao;
7.   import com.lxs.legou.item.po.Brand;
8.   import com.lxs.legou.item.po.Category;
9.   import com.lxs.legou.item.service.IBrandService;
10.  import org.springframework.stereotype.Service;
11.  import org.springframework.transaction.annotation.Transactional;
12.
13.  import java.util.List;
14.
15.  @Service
16.  public class BrandServiceImpl extends CrudServiceImpl < Brand > implements
     IBrandService {
17.
18.  }
```

4. 品牌 Controller

通过继承 BaseController 基类，Controller 类也不用重写了，具体代码如下。

```
1.   package com.lxs.legou.item.controller;
2.
3.   import com.lxs.legou.core.controller.BaseController;
4.   import com.lxs.legou.item.po.Brand;
5.   import com.lxs.legou.item.po.Category;
6.   import com.lxs.legou.item.service.IBrandService;
7.   import io.swagger.annotations.ApiOperation;
8.   import org.springframework.web.bind.annotation.GetMapping;
9.   import org.springframework.web.bind.annotation.RequestMapping;
10.  import org.springframework.web.bind.annotation.RequestParam;
11.  import org.springframework.web.bind.annotation.RestController;
12.
13.  import java.util.List;
14.
15.  /**
16.   * @Title:
17.   * @Description:
18.   *
19.   * @Copyright 2019lxs - Powered By 雪松
20.   * @Author:lxs
21.   * @Date: 2019/10/9
22.   * @Version V1.0
```

```
23.    */
24. @RestController
25. @RequestMapping(value = "/brand")
26. public class BrandController extends BaseController<IBrandService, Brand>
    {
27.
28. }
```

品牌微服务开发完成后，启动品牌微服务可以看到它使用 Nacos 配置，已经在 Nacos 注册中心注册。访问 http://localhost:9005/brand/list-page 结果如图 7-4 所示。

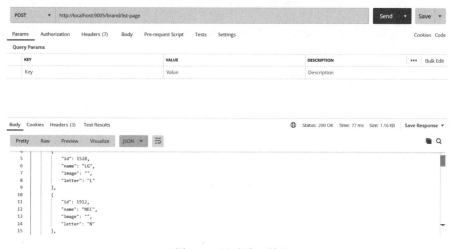

●图 7-4　品牌分页结果

7.3.6　其他功能介绍

项目中其他业务微服务的实现逻辑和品牌相似，例如，商品、商品分类、商品规格参数、商品的 ElasticSearch 搜索实现、高并发秒杀方案和其他的项目高并发应对方案设计、使用 RocketMQ 延迟消息实现秒杀订单 5 min 未支付、取消订单回滚库存等解决方案的实现，在这里不再一一介绍，读者可以参考本章视频学习。

7.4　微服务网关

7.4

不同的微服务一般会有不同的网络地址，而外部客户端可能需要调用多个服务的接口才能完成一个业务需求，如果让客户端直接与各个微服务通信，会有以下的问题。

- 客户端会多次请求不同的微服务，增加了客户端的复杂性。
- 存在跨域请求，在一定场景下处理相对复杂。

- 认证复杂，每个服务都需要独立认证。
- 难以重构，随着项目的迭代，可能需要重新划分微服务。例如，可能将多个服务合并成一个或者将一个服务拆分成多个。如果客户端直接与微服务通信，那么重构将会很难实施。
- 某些微服务可能使用了对防火墙或浏览器不友好的协议，直接访问会有一定的困难。

以上问题都可以使用 Spring Cloud Gateway 微服务网关予以解决。

7.4.1　网关简介

网关是系统唯一的对外入口，介于客户端和服务端之间，所有的外部请求都会先经过网关这一层。网关处理非业务功能提供路由请求、鉴权、监控、缓存、限流等功能（类似于演唱会过安检，检票员还可以监控有多少人进场，检查进场人员是否合法），比如，下单操作需要用户登录，在 Gateway 层判断用户是否登录，这样既提高了业务灵活性，又不缺安全性。

7.4.2　搭建微服务网关

Gateway 工程是网关微服务工程，下面介绍 Spring Cloud Gateway 在商城项目中的具体用法。

1. pom. xml

在 pom. xml 中引入 Spring Cloud Gateway 依赖，代码如下。

```
1.  <?xml version = "1.0" encoding = "UTF-8"?>
2.  <project xmlns = "http://maven.apache.org/POM/4.0.0"
3.      xmlns:xsi = "http://www.w3.org/2001/XMLSchema-instance"
4.      xsi:schemaLocation = "http://maven.apache.org/POM/4.0.0 http://ma-ven.apache.org/xsd/maven-4.0.0.xsd">
5.
6.      <parent>
7.          <artifactId>legou-parent </artifactId>
8.          <groupId>com.lxs </groupId>
9.          <version>1.0-SNAPSHOT </version>
10.     </parent>
11.     <modelVersion>4.0.0</modelVersion>
12.
13.     <artifactId>gateway </artifactId>
14.
15.     <dependencies>
16.         <dependency>
17.             <groupId>org.springframework.cloud </groupId>
```

```
18.            <artifactId>spring-cloud-starter-gateway </artifactId>
19.        </dependency>
20.        <dependency>
21.            <groupId>org.springframework.cloud </groupId>
22.            <artifactId>spring-cloud-starter-netflix-eureka-client </ar-
    tifactId>
23.        </dependency>
24.        <dependency>
25.            <groupId>org.springframework.cloud </groupId>
26.            <artifactId>spring-cloud-starter-openfeign </artifactId>
27.        </dependency>
28.        <dependency>
29.            <groupId>org.springframework.cloud </groupId>
30.            <artifactId>spring-cloud-starter-netflix-hystrix </artifactId>
31.        </dependency>
32.        <dependency>
33.            <groupId>org.springframework.cloud </groupId>
34.            <artifactId>spring-cloud-starter-config </artifactId>
35.        </dependency>
36.        <dependency>
37.            <groupId>org.springframework.retry </groupId>
38.            <artifactId>spring-retry </artifactId>
39.        </dependency>
40.
41.    </dependencies>
42.
43. </project>
```

2. 网关微服务配置文件

项目中的网关配置和其他微服务配置一样分为两部分，一部分在网关微服务工程中，包括 application. yaml 和 bootstrap. yaml，用来存放微服务实例名；另一部分在 Nacos 配置中心，用来进行网关的具体配置。

bootstrap. yaml 配置文件配置如下。

```
1. spring:
2.   application:
3.     name: gateway
```

application. yaml 配置文件如下。

```
1. spring:
2.   application:
3.     name: gateway
```

```
4.    profiles:
5.      active: dev
```

3. Nacos 配置中网关的配置

Nacos 配置中心中 Spring Cloud Gateway 配置如下。

```
1.   server:
2.     port: 8062
3.   spring:
4.     redis:
5.       host: 192.168.220.110
6.       port: 6379
7.     cloud:
8.       gateway:
9.         globalcors:
10.          cors-configurations:
11.            '[/**]':
12.              allow-credentials: true
13.              allowed-origins: "*"
14.              allowed-headers: "*"
15.              allowed-methods: "*"
16.              max-age: 3600
17.          routes:
18.            - id: order-service
19.              uri: lb://order-service
20.              predicates:
21.                -Path=/api/order/**
22.            - id: security-service
23.              uri: lb://security-service
24.              predicates:
25.                -Path=/api/security/**
26.            - id: admin-service
27.              uri: lb://admin-service
28.              predicates:
29.                -Path=/api/admin/**
30.            - id: route-service
31.              uri: lb://route-service
32.              predicates:
33.                -Path=/api/route/**
34.            - id: item-service
35.              uri: lb://item-service
36.              predicates:
37.                -Path=/api/item/**
```

```
38.        # filters:
39.        #   - name:RequestRateLimiter
40.        #    args:
41.        #      key-resolver: "#{@ipKeyResolver}"
42.        #      redis-rate-limiter.replenishRate:1
43.        #      redis-rate-limiter.burstCapacity:4
44.      - id:search-service
45.        uri: lb://search-service
46.        predicates:
47.          -Path=/api/search/**
48.    default-filters:
49.      -StripPrefix=2
```

7.4.3 网关跨域配置

只需要在网关微服务中统一配置跨域，这样就可以不用在具体的微服务中设置跨域，配置代码如下。

```
1.  spring:
2.   cloud:
3.    gateway:
4.     globalcors:
5.      cors-configurations:
6.       '[/**]':
7.          allow-credentials:true
8.          allowed-origins:"*"
9.          allowed-headers:"*"
10.         allowed-methods:"*"
11.         max-age:3600
```

7.4.4 网关过滤配置

路由过滤器允许以某种方式修改传入的 HTTP 请求或传出的 HTTP 响应，根据请求路径路由到不同的微服务，这个过程可以使用 Gateway 的路由过滤功能实现，网关示意图如图 7-5 所示。

内置的过滤器工厂有 22 个实现类，包括头部过滤器、路径过滤器、Hystrix 过滤器、请求 URL 变更过滤器，还有参数和状态码等其他类型的过滤器。根据过滤器工厂的用途可以分为以下几种：Header、Parameter、Path、Body、Status、Session、Redirect、Retry、Rate-Limiter 和 Hystrix。

1. 路径匹配过滤配置

根据请求路径实现对应的路由过滤操作，例如，以/api/item/路径开始的请求都直接提

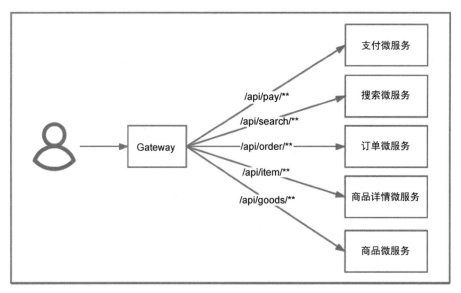

●图7-5　网关示意图

交给 http://localhost:9005 服务处理，如图7-6所示。

●图7-6　网关路径过滤匹配

配置代码如下。

```
1.  spring:
2.    cloud:
3.      gateway:
4.        routes:
5.          - id: item-service
6.            uri: http://localhost:9005
7.            predicates:
8.              - Path=/api/item/**
```

测试请求 http://localhost:8062/api/item/brand/list，效果如图7-7所示。

2. StripPrefix 过滤配置

当遇到用户请求路径是/api/item/brand/list，而真实路径是/brand/list 时，需要去掉/api/item才能得到真实路径，此时可以使用 StripPrefix 功能来实现路径的过滤操作，如

图 7-8 所示。

●图 7-7　网关过滤匹配效果图

使用StripPrefix过滤器，过滤掉两个路径，如
http://localhost:8062/api/items/brand/list去掉的两
个对应http://localhost:8062/brand/list的路径

●图 7-8　StripPrefix 过滤器配置

配置代码如下。

```
1.   default-filters:
2.    -StripPrefix=2
```

7.5　OAuth 2 简介

7.5

　　项目采用 Spring Security OAuth 2 作为认证和授权的解决方案，下面简单介绍 OAuth 2 认证授权标准。

　　OAuth 是一个开放标准，该标准允许用户让第三方应用访问该用户在某一网站上存储的私密资源（如头像、照片、视频等），而在这个过程中无须将用户名和密码提供给第三方应用。这一功能的实现是通过提供一个令牌（Token），而不是提供用户名和密码来访问用户存放在特定服务提供者的数据。

　　每一个令牌授权一个特定的网站在特定的时间访问特定的资源。这样，OAuth 让用户可以灵活地授权第三方网站访问存储在另外一些资源服务器的特定信息，而非所有内容。目前主流的 QQ、微信等第三方授权登录方式都是基于 OAuth 2 实现的。

　　传统的 Web 开发登录认证一般都是基于 Session 的，但是在前后端分离的架构中继续使用 Session 会有许多不便，因为移动端（Android、iOS、微信小程序等）要么不支持 Cookie（微信小程序），要么使用非常不方便。对于这些问题，使用 OAuth 2 认证都能解决，所以项目中可以使用 Spring Security OAuth 2 实现单点登录。

　　下面分别就 OAuth 2 授权流程、授权模式和授权角色进行分析。

7.5.1 OAuth 2 授权角色

OAuth 2 中包括如下几种角色。

- 资源所有者（Resource Owner）：代表授权客户端访问自身资源信息的用户，客户端访问用户账户的权限仅限于用户授权的"范围"。
- 客户端（Client）：代表意图访问受限资源的第三方应用。在访问实现之前，它必须先经过用户授权，并且获得的授权凭证将进一步由授权服务器进行验证。
- 授权服务器（Authorization Server）：授权服务器用来验证用户提供的信息是否正确，并返回一个令牌给第三方应用。
- 资源服务器（Resource Server）：资源服务器是提供给用户资源的服务器，如头像、照片、视频等。

7.5.2 OAuth 2 授权流程

OAuth 2 授权流程（授权码模式）如图 7-9 所示。

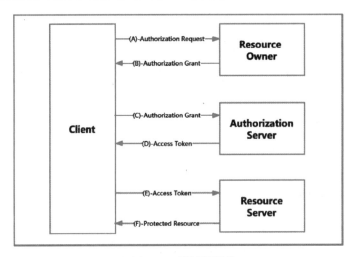

●图 7-9　授权码模式

- 客户端（第三方应用）向用户请求授权。
- 用户单击客户端所呈现的服务授权页面上的同意授权按钮后，服务端向客户端返回一个授权许可凭证。
- 客户端拿着授权许可凭证去授权服务器申请令牌。
- 授权服务器验证信息无误后，向客户端发放令牌。
- 客户端拿着令牌去资源服务器访问资源。
- 资源服务器验证令牌无误后开放资源。

7.5.3　OAuth 2 授权模式

OAuth 2 授权模式分为授权码模式、简化模式、密码模式和客户端模式。

- 授权码模式：授权码模式（Authorization Code）是功能最完整、流程最严谨的授权模式。它的特点是通过客户端的服务器与授权服务器进行交互，国内常见的第三方平台登录功能基本都是使用这种模式。
- 简化模式：简化模式不需要客户端服务器参与，直接在浏览器中向授权服务器申请令牌，若网站是纯静态页面，则可以采用这种方式。
- 密码模式：密码模式是用户把用户名和密码直接告诉客户端，客户端使用这些信息向授权服务器申请令牌。这需要用户对客户端高度信任，例如，客户端应用和服务提供商是同一家公司。
- 客户端模式：客户端模式是指客户端使用自己的名义而不是用户的名义向服务提供者申请授权。严格来说，客户端模式并不能算作 OAuth 协议要解决的问题的一种解决方案。但是，对于开发者而言，在一些前后端分离应用或者为移动端提供的认证授权服务器上使用这种模式是非常方便的。

7.6　Spring Security OAuth 2 实战

7.6

Spring Security OAuth 2 是实现了 OAuth 2 标准的一套安全框架。

因为项目中使用密码模式，而授权码模式是功能最完整、流程最为严谨的模式，所以本节主要实现这两种模式，其他模式读者可以参考本章视频学习。

7.6.1　授权服务器

授权服务器负责颁发和校验令牌，授权服务器配置如下。

```
1.  @Configuration
2.  //开启授权服务
3.  @EnableAuthorizationServer
4.  public class OAuth2Config extends AuthorizationServerConfigurerAdapter {
5.
6.      @Autowired
7.      private AuthenticationManager authenticationManager;
8.
9.      private static final String CLIENT_ID = "cms";
10.     private static final String SECRET_CHAR_SEQUENCE = "{noop}secret";
11.     private static final String SCOPE_READ = "read";
12.     private static final String SCOPE_WRITE = "write";
```

```
13.    private static final String TRUST = "trust";
14.    private static final String USER = "user";
15.    private static final String ALL = "all";
16.    private static final int ACCESS_TOKEN_VALIDITY_SECONDS = 30 * 60;
17.    private static final int FREFRESH_TOKEN_VALIDITY_SECONDS = 30 * 60;
18.    //密码模式
19.    private static final String GRANT_TYPE_PASSWORD = "password";
20.    //授权码模式
21.    private static final String AUTHORIZATION_CODE = "authorization_code";
22.    //refresh token 模式
23.    private static final String REFRESH_TOKEN = "refresh_token";
24.    //简化授权模式
25.    private static final String IMPLICIT = "implicit";
26.    //指定哪些资源是需要授权验证的
27.    private static final String RESOURCE_ID = "resource_id";
28.
29.    @Override
30.    public void configure(ClientDetailsServiceConfigurer clients) throws
       Exception {
31.        clients
32.                //使用内存存储
33.                .inMemory()
34.                //标记客户端 ID
35.                .withClient(CLIENT_ID)
36.                //客户端安全码
37.                .secret(SECRET_CHAR_SEQUENCE)
38.                //为 true 直接自动授权成功返回 code
39.                .autoApprove(true)
40.                .redirectUris("http://127.0.0.1:8084/cms/login") //重定向 uri
41.                //允许授权范围
42.                .scopes(ALL)
43.                //token 时间秒
44.                .accessTokenValiditySeconds(ACCESS_TOKEN_VALIDITY_SECONDS)
45.                //刷新 token 时间秒
46.                .refreshTokenValiditySeconds(FREFRESH_TOKEN_VALIDITY_SEC-
       ONDS)
47.                //允许授权类型
48.                .authorizedGrantTypes(GRANT_TYPE_PASSWORD,AUTHORIZATION_
       CODE);
49.    }
50.
```

```
51.     @Override
52.     public void configure(AuthorizationServerEndpointsConfigurer endpoints)
    throws Exception {
53.         //使用内存保存生成的 token
54.         endpoints.authenticationManager(authenticationManager).tokenStore
    (memoryTokenStore());
55.     }
56.
57.     /**
58.      *认证服务器的安全配置
59.      *
60.      * @param security
61.      * @throws Exception
62.      */
63.     @Override
64.     public void configure(AuthorizationServerSecurityConfigurer security)
    throws Exception {
65.         security
66.                 //.realm(RESOURCE_ID)
67.                 //开启 /oauth/token_key 验证端口认证权限访问
68.                 .tokenKeyAccess("isAuthenticated()")
69.                 // 开启 /oauth/check_token 验证端口认证权限访问
70. //              .checkTokenAccess("isAuthenticated()")
71.                 .checkTokenAccess("permitAll()")
72.                 //允许表单认证
73.                 .allowFormAuthenticationForClients();
74.     }
75.
76.     @Bean
77.     public TokenStore memoryTokenStore() {
78.         //最基本的 InMemoryTokenStore 生成 token
79.         return new InMemoryTokenStore();
80.     }
81.
82. }
```

OAuth 2 配置类继承 AuthorizationServerConfigurerAdapter 类，其中，{noop} 表示不进行加密处理，具体逻辑分析如图 7-10 所示。

7.6.2　资源服务器

资源服务器负责向授权服务器申请令牌，并且同授权服务器交互，验证令牌是否正确，

```
protected void configure(AuthenticationManagerBuilder auth) throws Exception {    //auth.inMemoryAuthentication()
    auth.inMemoryAuthentication()  InMemoryUserDetailsManagerConfigurer<AuthenticationManagerBuilder>
            .withUser( username: "lxs")  UserDetailsManagerConfigurer<B, C>.UserDetailsBuilder          → 登录用户配置
            .password("{noop}123")
            .roles("admin");
}

@Override
public void configure(WebSecurity web) throws Exception {
    //解决静态资源被拦截的问题                                                                      静态资源
    web.ignoring().antMatchers( ...antPatterns: "/asserts/**");                               → 放行配置
    web.ignoring().antMatchers( ...antPatterns: "/favicon.ico");
}

@Override
protected void configure(HttpSecurity http) throws Exception {
    http   // 配置登录页开允许访问
            .formLogin().permitAll()  FormLoginConfigurer<HttpSecurity>
            // 配置Basic登录
            //.and().httpBasic()
            // 配置登出页面                                                                         → Spring Security权限配置
            .and().logout().logoutUrl("/logout").logoutSuccessUrl("/")  LogoutConfigurer<HttpSecurity>
            // 配置允许访问的链接
            .and().authorizeRequests().antMatchers( ...antPatterns: "/oauth/**", "/login/**", "/logout/**", "/api/**").permitAll()  Express
            // 其余所有请求全部需要鉴权认证
            .anyRequest().authenticated()
            // 关闭跨域保护，
            .and().csrf().disable();
}
```

● 图 7-10　OAuth 2 授权配置

具体配置代码如下。

```
1.   @Configuration
2.   public class Oauth2ResourceServerConfiguration extends
3.       ResourceServerConfigurerAdapter {
4.
5.     private static final String CHECK_TOKEN_URL = "http://localhost:8888/
oauth/check_token";
6.
7.     @Override
8.     public void configure(ResourceServerSecurityConfigurer resources) {
9.
10.     RemoteTokenServices tokenService = new RemoteTokenServices();
11.
12. //    tokenService.setRestTemplate(restTemplate);
13.
14.     tokenService.setCheckTokenEndpointUrl(CHECK_TOKEN_URL);
15.     tokenService.setClientId("cms");
16.     tokenService.setClientSecret("secret");
17.
18. //    DefaultAccessTokenConverter defaultAccessTokenConverter = new De-
faultAccessTokenConverter();
19. //    defaultAccessTokenConverter.setUserTokenConverter ( new Custom-
UserAuthenticationConverter());
20. //    tokenService.setAccessTokenConverter(defaultAccessTokenConverter);
21.
22.     resources.tokenServices(tokenService);
```

```
23.    }
24.
25. }
```

其中，资源服务器配置类 Oauth2ResourceServerConfiguration 继承 ResourceServerConfigurerAdapter 完成资源服务器配置。这里要暂时使用 RemoteTokenServices 校验令牌，也就是每次校验都需要资源服务器向令牌校验端点发送校验地址 http://localhost:8888/oauth/check_token。商城项目中使用了基于 JWT 的公钥私钥校验，这样就不需要每次发送请求校验，直接通过公钥校验即可。

7.6.3 授权码模式

授权码（Authorization Code）方式，指的是第三方应用先申请一个授权码，然后再用该码获取令牌。授权码模式是功能最完整、使用最广泛且流程最严密的授权模式。

1. 授权码模式流程

第三方授权一般是授权码模式，流程如下。

- 客户端携带 client_id、redirect_uri，中间通过代理者访问授权服务器，如果已经登录过会直接返回 redirect_uri，没有登录过就跳转到登录页面。
- 授权服务器对客户端进行身份验证（通过用户代理，让用户输入用户名和密码）。
- 授权通过，会重定向到 redirect_uri 并携带授权码 Code 作为 URI 参数。
- 客户端携带授权码访问授权服务器。
- 验证授权码通过，返回 Access Token。

授权码模式流程如图 7-11 所示。

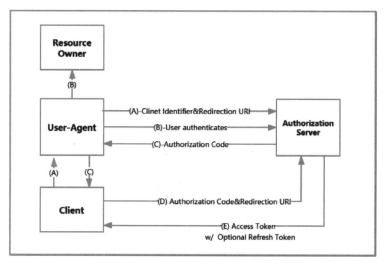

●图 7-11　授权码模式流程

2. 认证服务器授权码模式配置

授权码模式的配置如图 7-12 所示，需要配置 authrizedGrantType 为 AUTHORIZATION_CODE，代码。

●图7-12 授权码模式配置

3. 授权码模式功能测试

下面分步骤测试授权码模式令牌以及令牌的使用方式。

（1）获取授权码

在浏览器中访问

http://localhost:8888/oauth/authorize?client_id=cms&client_secret=secret&response_type=code，获取授权码。

参数解释如下。

- client_ID：客户端ID，和授权配置类中设置的客户端ID一致。
- response_type：授权码模式固定为Code。
- scope：客户端范围，和授权配置类中设置的scope一致。
- redirect_uri：跳转URI，当授权码申请成功后会跳转到此地址，并在后边带上Code参数（授权码）。

因为没登录，所以会返回Spring Security的默认登录页面，输入Spring Security配置的静态账号密码"lxs/123"，如图7-13所示。

●图7-13 授权码登录

登录成功，返回redirect_uri，拿到授权码，如图7-14所示。

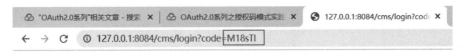

●图7-14 得到授权码

（2）申请令牌

拿到授权码后申请令牌。使用 Postman 申请令牌，参数解释如下。

- grant_type：授权类型，填写 authorization_code，表示授权码模式。
- code：刚刚获取的授权码，需要注意的是，授权码只使用一次就无效了，需要重新申请。
- redirect_uri：申请授权码时的跳转 URL，一定和申请授权码时用的 redirect_uri 一致。

申请令牌请求需要使用 HTTP Basic 认证。HTTP 定义的一种认证方式将客户端 ID 和客户端密码按照"客户端 ID：客户端密码"的格式拼接，并用 Base64 编码，放在 Header 中请求服务端。例如，Authorization：Basic WGNXZWJBcHA6WGNXZWJBcHA = WGNXZWJB-cHA6WGNXZWJBcHA=内容是"用户名：密码"的 Base64 编码。认证失败服务端会返回 401 Unauthorized。

Postman 申请令牌的具体配置如图 7-15 所示。

●图 7-15　Postman 申请令牌的具体配置

Postman 申请令牌的 HTTP Basic 认证如图 7-16 所示。

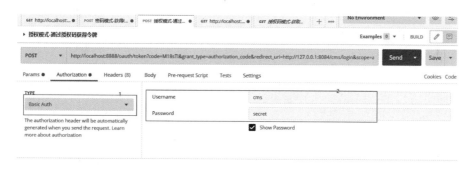

●图 7-16　Postman 中的 HTTP Basic 认证

申请成功则可以得到令牌，如图 7-17 所示。

返回内容参数分析如下。

- access_token：访问令牌，携带此令牌访问资源。
- token_type：有 MAC Token 与 Bearer Token 两种类型，两种的校验算法不同，RFC 6750 建议 OAuth 2 采用 Bearer Token。
- expires_in：过期时间，单位为秒。
- scope：范围，与定义的客户端范围一致。

●图7-17　得到授权码令牌

(3) 令牌校验

Spring Security OAuth 2 提供校验令牌的端点，访问 http://localhost:8888/oauth/check_token?token=171ce96e-7492-4a27-becd-8ccbdc69666b，即可看到令牌校验结果，如图 7-18 所示。

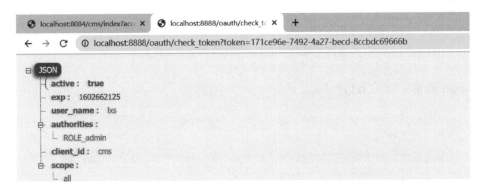

●图7-18　令牌校验

(4) 使用令牌

在资源服务器中使用获得的令牌访问服务/cms/index，可以看到正确访问的结果，如图 7-19 所示。

●图7-19　令牌正确访问结果

在资源服务器中不使用令牌访问服务/cms/index，则会返回错误，如图 7-20 所示。

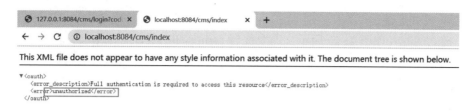

●图 7-20　没有令牌访问

在资源服务器中使用错误令牌访问服务/cms/index，会返回错误，如图 7-21 所示。

●图 7-21　错误令牌访问

7.6.4　密码模式

资源所有者密码凭据（Resource Owner Password Credentials）授权：也称为密码模式，密码模式中，用户向客户端提供自己的用户名和密码，这通常在用户对客户端高度信任的情况下使用，比如，商城项目品牌微服务向授权服务器申请授权时，这时品牌微服务和授权服务器属于同一公司的微服务业务，因此可以使用密码模式，即项目采用的授权模式为密码模式，如图 7-22 所示。

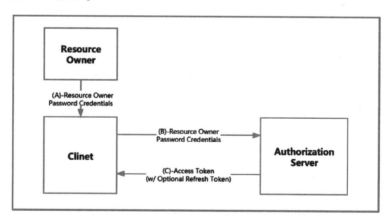

●图 7-22　密码模式授权流程

密码授权模式的流程如下。

- 用户访问客户端，提供 URI 连接包含用户名和密码信息给授权服务器。
- 授权服务器对客户端进行身份验证。
- 授权通过，返回 Access Token 给客户端。

1. 密码模式配置

密码模式的配置如图 7-23 所示，需要配置 authrizedGrantType 为 password。

●图 7-23　密码模式配置

2. 功能测试

密码模式申请令牌发送请求地址 http://localhost:8888/oauth/token，参数如下。

- grant_type：授权类型，填写 password，表示密码模式。
- username：用户名。
- password：密码。

使用 Postman 发送请求，如图 7-24 所示。

●图 7-24　密码模式获取令牌

密码模式申请令牌需要使用 HTTP Basic 认证。Postman 中 HTTP Basic 认证配置如图 7-25 所示。

●图 7-25　密码模式 HTTP Basic

　　其中，客户端 ID 和客户端密码会匹配数据库 oauth_client_details 表中的客户端 ID 及客户端密码。申请令牌成功如图 7-26 所示。

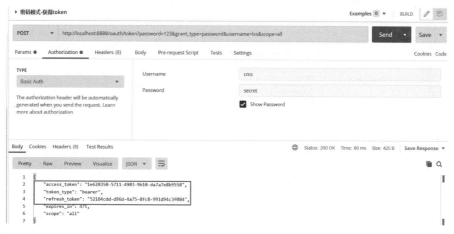

●图 7-26　密码模式获得令牌

返回结果参数分析如下。

- access_token：访问令牌，携带此令牌访问资源。
- token_type：有 MAC Token 与 Bearer Token 两种类型，两种的校验算法不同，RFC 6750 建议 OAuth 2 采用 Bearer Token。
- refresh_token：刷新令牌，使用此令牌可以延长访问令牌的过期时间。
- expires_in：过期时间，单位为秒。
- scope：范围，与定义的客户端范围一致。
- jti：当前 Token 的唯一标识。

7.6.5　令牌存储方式

Token 存储有如下几种方式。

- InMemoryTokenStore，默认存储，保存在内存。
- JdbcTokenStore，access_token 存储在数据库。
- JwtTokenStore，JWT 方式比较特殊，这是一种无状态方式的存储，不进行内存、数据库存储，只是 JWT 中携带全面的用户信息，保存在 JWT 中进行校验就可以实现认证，项目中采用的就是 JwtTokenStore。

其他令牌存储方式如图 7-27 所示。

　　如果实现无状态且认证服务器不存储 Token，可以采用 JwtTokenStore，乐购商城项目中采用 JWT 方式存储 Token。而使用 Redis 或者 JDBC 数据库存储 Token，在这里不再讲解。

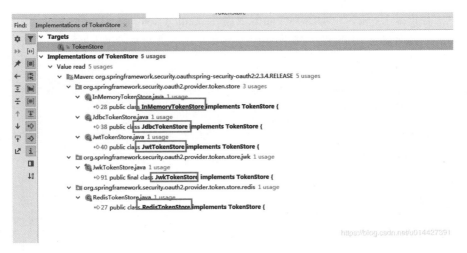

●图7-27　令牌存储方式

7.7　JWT 授权

7.7

乐购商城项目以无状态方式采用 JwtTokenStore 处理令牌，下面详细介绍这种方案如何实现，以及它有哪些优势。

7.7.1　公钥私钥流程分析

对比传统的授权流程，使用私钥加密和公钥解密的授权方式可以减少资源服务器和授权服务器的交互次数，有效提高效率。

1. 传统授权流程

传统资源服务器授权流程如图 7-28 所示。客户端先去授权服务器申请令牌，申请令牌后，携带令牌访问授权服务器。资源服务器访问授权服务器校验令牌的合法性，授权服务器会返回校验结果，如果校验成功会返回用户信息给资源服务器。资源服务器如果接收到的校验结果通过了，则返回资源给客户端。

传统授权方法的问题是用户每次请求资源服务，资源服务都需要携带令牌访问认证服务去校验令牌的合法性，并根据令牌获取用户的相关信息，因为资源服务器和授权服务器交互频繁，所以性能较低。

2. 公钥私钥授权流程

传统的授权模式性能低下，每次都需要请求授权服务器校验令牌的合法性。针对传统授权模式的缺陷，可以利用私钥完成对令牌的加密，如果公钥解密成功，则表示令牌合法；如果解密失败，则表示令牌无效或不合法。合法则允许访问资源服务器的资源，解密失败则不允许访问资源服务器的资源。如图 7-29 所示。

公钥私钥授权业务流程如下。

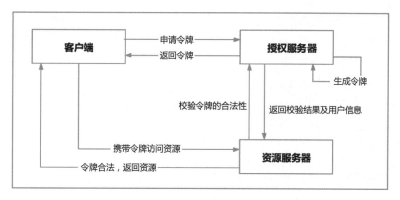

●图 7-28 传统授权模式

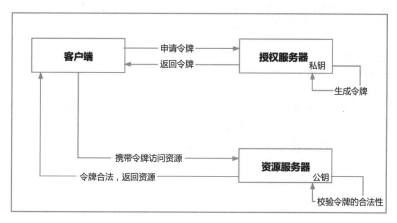

●图 7-29 公钥私钥授权流程

- 客户端请求认证服务申请令牌。
- 认证服务生成令牌时采用非对称加密算法，使用私钥生成令牌。
- 客户端携带令牌访问资源服务客户端在 HTTP Header 中添加 Authorization：Bearer 令牌。
- 资源服务请求认证服务校验令牌的有效性，资源服务接收到令牌后使用公钥校验令牌的合法性。
- 令牌有效，资源服务向客户端响应资源信息。

7.7.2 生成私钥和公钥

采用 JWT 私钥颁发令牌，公钥校验令牌，这里先使用 Keytool 工具生成密钥证书。

1. 生成密钥证书

生成密钥证书采用 RSA 算法，每个证书包含公钥和私钥。需要创建一个文件夹，在该文件夹下执行如下命令行。

```
1. keytool -genkeypair -alias kaikeba -keyalg RSA -keypass kaikeba -keystore kaikeba.jks -storepass kaikeba
```

Keytool 是一个 Java 提供的证书管理工具，具体参数如下。

- alias：密钥的别名。
- keyalg：使用的 Hash 算法。
- keypass：密钥的访问密码。
- keystore：密钥库文件名，xc. keystore 保存了生成的证书。
- storepass：密钥库的访问密码。

2. 查询证书信息

```
1.   keytool -list -keystore kaikeba.jks .
```

3. 删除别名

```
1.   keytool -delete -alias kaikeba -keystore kaikeba.jsk
```

7.7.3 导出公钥

使用 OpenSSL 工具导出证书，OpenSSL 是一个加解密工具包，这里使用 OpenSSL 来导出公钥信息。下载安装 OpenSSL，下载地址为 http://slproweb. com/products/Win32OpenSSL. html。进入 kaikeba. jks 文件所在目录，执行如下命令。

```
1.   keytool -list -rfc --keystore kaikeba.jks |openssl x509 -inform pem -pubkey
```

执行后效果如图 7-30 所示。

●图 7-30　OpenSSL 导出公钥

将下边的公钥复制到 public. key 文件中，合并为一行，可以将它放到需要的资源服务工程中。资源服务器就可以直接使用此公钥，校验授权服务器颁发的令牌了。

```
1.  -----BEGIN PUBLIC KEY-----
2.  MIIBIjANBgkqhkiG9w0BAQEFAAOCAQ8AMIIBCgKCAQEAvFsEiaLvij9C1Mz+oyAm
3.  t47whAaRkRu/8kePM+X8760UGU0RMwGti6Z9y3LQ0RvK6I0brXmbGB/RsN38PVnh
4.  cP8ZfxGUH26kX0RK+t1rxcrG+HkPYOH4XPAL8Q1lu1n9x3tLcIPxq8ZZtuIyKYEm
5.  oLKyMsvTviG5flTpDprT25unWgE4md1kthRWXOnfWHATVY7Y/r4obiOL1mS5bEa/
6.  iNKotQNnvIAKtjBM4RlIDWMa6dmz+lHtLtqDD2LF1qwoiSIHI75LQZ/CNYaHCfZS
7.  xtOydpNKq8eb1/PGiLNolD4La2zf0/1dlcr5mkesV570NxRmU1tFm8Zd3MZlZmyv
8.  9QIDAQAB
9.  -----END PUBLIC KEY-----
```

7.7.4 JWT 令牌测试

1. 创建令牌

创建测试类，使用私钥颁发令牌，代码如下。

```
1.  public class JwtTest {
2.
3.      /**
4.       * 使用私钥生成令牌
5.       */
6.      @Test
7.      public void testCreateJwt() throws Exception {
8.          //存储密钥的工厂对象
9.          KeyStoreKeyFactory keyStoreKeyFactory = new KeyStoreKeyFactory(new
    ClassPathResource("kaikeba.jks"), "kaikeba".toCharArray());
10.         //密钥对(公钥-»私钥)
11.         KeyPair keyPair = keyStoreKeyFactory.getKeyPair("kaikeba","kaikeba"
    .toCharArray());
12.         //私钥
13.         RSAPrivateKey privateKey = (RSAPrivateKey) keyPair.getPrivate();
14.         //自定义 payload 信息
15.         Map<String, Object>tokenMap = new HashMap<>();
16.         tokenMap.put("id", 123);
17.         tokenMap.put("name", "kaikeba");
18.         tokenMap.put("roles", "r01, r02, admin");
19.         //使用工具类,通过私钥颁发 JWT 令牌
20.         Jwt jwt = JwtHelper.encode(new ObjectMapper().writeValueAsString
    (tokenMap), new RsaSigner(privateKey));
```

```
21.        String token =jwt.getEncoded();
22.        System.out.println(token);
23.    }
24.
25. }
```

运行后得到 JWT 令牌，结果如下。

```
1.  token ="eyJhbGciOiJSUzI1NiIsInR5cCI6IkpXVCJ9.eyJyb2xlcyI6IlJPTEVfVk1Q-
    LFJPTEVfVVNFUiIsIm5hbWUiOiJpdGhlaW1hIiwiaWQiOiIxIn0.IR9Qu9ZqYZ2gU2qgA-
    ziyT38UhEeL4Oi69ko-dzC_P9-Vjz40hwZDqxl8wZ-W2WAw1eWGIHV1EYDjg0-eilogJZ-
    5UikyWw1bewXCpvlM-ZRtYQQqHFTlfDiVcFetyTayaskwa-x_BVS4pTWAskiaIKbKR4K-
    cME2E5o1rEek-3YPkqAiZ6WP1UOmpaCJDaaFSdninqG0gzSCuGvLuG40x0Ngpfk7mPOe-
    csIi5cbJElpdYUsCr9oXc53ROyfvYpHjzV7c2D5eIZu3leUPXRvvVAPJFEcSBiisxUSE-
    eiGpmuQhaFZd1g-yJ1WQrixFvehMeLX2XU6W1nlL5ARTpQf_Jjiw"
```

2. 解析令牌

创建令牌后可以对 JWT 令牌进行解析，而解析需要用到公钥，可以将之前生成的公钥 public.key 复制后用字符串变量 Token 存储，然后通过公钥解密，测试类如下。

```
1.  /**
2.   * 使用公钥校验令牌
3.   */
4.   @Test
5.   public void testVerify() {
6.     //令牌
7.     String token ="eyJhbGciOiJSUzI1NiIsInR5cCI6IkpXVCJ9.eyJyb2xlcyI6I-
    nIwMSwgcjAyLCBhZG1pbiIsIm5hbWUiOiJtaWNrZXkiLCJpZCI6MTIzfQ.LPQKnZmAdj-
    _9mp8KPWjEeEfmJ2SQmbIZvR2oBQ1A8Ze1xDISY4G2IYWQcPCW7D0Y7rrQEqf1j9Yik-
    A8kQIQdybQmXEn9Jtd7HPUHgCUyVLukJ3-g34kMzCzrBDCtuNXzD3PfNElBk9FRTOnKG1_
    4Rzn0nVGWyFOsQcb8aTR9ch-5hTGHeJ-S_G0ttJpwAktO8x_OMQTSqAV99f0WvXtV14_
    e-8LoFSVKjawarmCY9tabHDudnWljA7xL-5qjSSUvUs4hoon6IwvhRRERjJU0jvUxAQV
    POeXgauANkRCBEFX3Yjt63Z_UOfTzSkSQQcz5tgUBCWHk1gAeG6gYzghf3w";
8.     //公钥
9.     StringpublicKey = "-----BEGIN PUBLIC KEY-----\n" +
10.        "MIIBIjANBgkqhkiG9w0BAQEFAAOCAQ8AMIIBCgKCAQEAhoe+ze0O4CKGc7k9U5dJ\
    n" +
11.        "FJFnBeWh3Pcx8VDuL+SXIzGDKADMU2zo1f／80pvCCuXYqHhu5CQ3wzeBGx7BvR3v\
    n" +
12.        "jeuWnp5GQArAplOCaDDFKfD8Dxyq9kaCSUn6IBX33k3uMbWmJqACd9gEq1eJWaQL\
    n" +
13.        "mh46eAn2Kvb5i1UZH3t6MrOIbyPIva59BZsvhek4ZsPxdzC3SgbKqxIlIF69bSoh\n"
    +
```

```
14.        "M76fJnJGYnpNRg3CmbfEl/no3dEYST/4WgWVJ9M0DIjqN4tbWN7xrKzcXAX9Y4mh\n"+
15.        "IJvnxh88RfKBPQD5X04a04OHYusjczoy8quVkr/agRlyeuLnFOJolmGgjBxU1n-
    Ln\n"+
16.        "cQIDAQAB\n" +
17.        "-----END PUBLIC KEY-----";
18.    //校验令牌
19.    Jwt jwt = JwtHelper.decodeAndVerify(token, new RsaVerifier(publicKey));
20.    String claims =jwt.getClaims();
21.    System.out.println(claims);
22.
23. }
```

运行后的结果如下，说明能够通过 JWT 私钥解析令牌。

```
1. {"ext":"1","roles":"r01,r02","name":"mrt","id":"123"}
2. eyJhbGciOiJSUzI1NiIsInR5cCI6IkpXVCJ9.eyJleHQiOiIxIiwicm9sZXMiOiJyMDE-
   scjAyIiwibmFtZSI6Im1ydCIsImlkIjoiMTIzIn0.OXzFObxUq35--qgvBy4mnBXx-f9-
   mfpYMczTfAfH7yHM05W-oJ6RPmLPonZsFlZMd8JBdLm6iz_TN6b4ynO0heCBsyML2ZLx0-
   sxhgE28mhztDXj2GHbWu3kwsRzU9Pbgy-CO3FIG0Iw-aIkFSivaaLsCju5oOLxGB825u-
   eI5hM58sPLLykZPAaU6DcVY3X1sfpWDIQ7G7JkCoP3rH385Vcmg1VBJVIwVxEn4TXHtW-
   qre9lgK-T7D4zXlhScB57gv9OfcbebNm8tI2Rew1IHmOCeKf5CKAiSCv5d26LhLPKqvGB-
   Q5Cy67JM58X2T-4LvgQeQR6TZmiiSr7fLnEkNe9KQ
```

　　本章介绍了 Spring Cloud Alibaba 技术在商城项目中的具体应用、商城项目中几个重要的技术在微服务架构下的应用、Spring Cloud Gateway 网关技术和前后端分离微服务架构下的单点登录 Spring Security OAuth 2 应用等，由于篇幅问题，没有在这里讲解项目的全部技术栈，如前端 Vue 技术栈、商品基于 ElasticSearch 的全文搜索技术应用等。项目的其他内容读者可以参考本章视频自行学习，希望读者能够真正做到学以致用。